Dr. med. Erich Kienholz

Rheuma

Dr. med. Erich Kienholz

Rheuma

Erkennen und erfolgreich behandeln

TRIAS

Redaktion: Marion Zerbst
Umschlaggestaltung:
Cyclus D+P Loenicker,
Stuttgart
Wissenschaftliche
Computerillustrationen:
Christiane von Solodkoff,
Dr. Michael von Solodkoff
Satz: Bernd Hirschmeier
Druck: Druckerei Parzeller,
Fulda
Konzeption
und Projektleitung:
Werner Waldmann,
WZ Media, Stuttgart

ISBN 3-89373-715-4

Wichtiger Hinweis: Medizin als Wissenschaft ist ständig im Fluß. Soweit in diesem Buch eine Dosierung oder eine Applikation erwähnt wird, darf der Leser zwar darauf vertrauen, daß Autor und Verlag größte Mühe darauf verwandt haben, daß diese Angabe genau dem Wissensstand bei Fertigstellung des Werkes entspricht. Dennoch sollte jeder Benutzer die Beipackzettel der verwendeten Medikamente prüfen, um in eigener Verantwortung festzustellen, ob die dort gegebene Empfehlung für Dosierungen oder die Beachtung von Kontraindikationen gegenüber der Angabe in diesem Buch abweicht. Benutzer außerhalb der Bundesrepublik Deutschland müssen sich nach den Vorschriften der für sie zuständigen Behörden richten.

Geschützte Warennamen (Warenzeichen) werden nicht besonders kenntlich gemacht. Aus dem Fehlen eines solchen Hinweises kann nicht geschlossen werden, daß es sich um einen freien Warennamen handelt.

Dieses Buch entstand auf der Grundlage des TRIAS-Bandes „Rheuma“ von Dr. med. Erich Kienholz.
Umschlagfoto Vorderseite: Bavaria, Umschlag Rückseite: IFA-Bilderteam

In Deutschland leiden mehrere Millionen Menschen unter rheumatischen Schmerzen und Beschwerden. Ein großer Teil von ihnen hat zahlreiche Ärzte aufgesucht, Kuren gemacht und dennoch keine Hilfe gefunden.

Dieses Buch wurde von einem Mediziner geschrieben, der selbst viele Jahre Rheumatiker war. Die Behandlungsverfahren, die er im folgenden beschreibt, haben ihn und viele seiner Patienten von Schmerzen befreit.

Die klassische Schulmedizin hat ein großes Waffenarsenal gegen rheumatische Erkrankungen, doch sollte jeder Betroffene für seinen ganz persönlichen Fall so gut wie möglich gerüstet sein. Da kann es vorkommen, daß vielleicht das beste Mittel ein Hausmittel ist oder eines aus dem Bereich der Naturheilkunde.

Das Buch trägt dieser Tatsache Rechnung. Es vermittelt Grundwissen über rheumatische Krankheitsformen und hilft dem Patienten, ein festes und erfolgreiches Bündnis gegen die Krankheit zu schließen.

Die Redaktion

Med.-Dir. a. D. Dr. med. Erich Kienholz war Leiter der Herz-, Kreislauf- und Lungenabteilung einer Universitätsklinik, Chefarzt eines Kneippsanatoriums für rheumatische Krankheiten und arbeitete als Arzt für innere Krankheiten in einer Privatpraxis.

Inhalt

Sie haben dieses Buch gekauft, weil Sie lernen möchten, trotz Rheuma wieder beschwerdefrei zu leben.

Was bringt Ihnen dieses Buch?

Unter „Rheuma“ versteht der Volksmund Krankheiten des Stütz- und Bewegungsapparates. Die Patienten erleben zwar manchmal akute Schübe, aber meistens verläuft ihr Leiden chronisch, das heißt über viele Jahre und Jahrzehnte hinweg. Je mehr Sie darüber wissen, desto wirksamer können Sie es bekämpfen.

Die Formen „rheumatischer“ Erkrankungen sind unterschiedlich, ebenso die Ursachen und die Symptome, an denen man sie erkennt. Wer nicht weiß, was ihm fehlt, kann auch dem Arzt nicht bei der Behandlung helfen. Genau darauf aber kommt es an – mehr als Sie vielleicht denken.

Dieses Buch will Ihnen eine verständliche Information darüber geben, womit Sie es bei Ihrer Form von Gelenkserkrankung zu tun haben, wie sie entstanden ist und was man dagegen tun kann.

Da „Rheuma“ fast immer schmerzhaft ist, wird kaum ein Patient nicht einsehen, daß er behandelt werden muß. Oft kommt es aber auf die Art der Maßnahmen an, weil nicht jeder Mensch gleich auf die gleichen Mittel reagiert. Dr. Erich Kienholz war Arzt (Internist) und selbst Rheumatiker. Er hat nicht nur sich selbst, sondern auch zahllose Patienten von quälenden Schmerzen befreit und ihnen zu neuer Lebensfreude verholfen. Wir möchten seine Erfahrungen an Sie weitergeben.

Warum Gelenkserkrankungen so häufig sind

Die Schätzungen der Fachleute über die Zahl der „Rheuma“-Kranken in Deutschland gehen weit auseinander: Daß die einen 3 und die anderen 20 Millionen

Patienten zählen, liegt daran, was nach ihrer Meinung dazugehört. „Rheuma“ ist ein Sammelbegriff für Verschleißerscheinungen und Entzündungen an Knochen, Muskeln und Gelenken. Man kann die rheumatischen Erkrankungen des Stütz- und Bewegungsapparates im engeren Sinne meinen oder alle Krankheiten des Bewegungsapparates. Doch auch nach der engsten Auslegung leiden sehr viele Menschen an Rheuma.

Die meisten haben ständig Schmerzen, und das müßte oft nicht sein. Allein durch eine vernünftige Lebensweise und vorbeugende Maßnahmen können die Patienten selbst den Schmerz besiegen. Das sollte sich herumsprechen, und auch dafür ist dieses Buch da.

Rheuma ist selten lebensgefährlich, kann Sie aber zu einem Leben unter ständigen Schmerzen verurteilen. Doch dagegen läßt sich mehr tun, als alle Schulweisheit sich träumen läßt. Geben Sie daher nicht auf, und sprechen Sie mit Ihrem Arzt, wenn Sie hier Anregungen erhalten, die Ihnen neu sind.

Die Behandlung steht und fällt mit der Ursache

Wenn Sie sich nicht mehr bewegen können, ist es oft zu spät. Man sollte zwar nicht zimperlich sein, aber auch nicht den Helden spielen, denn dann verharmlost man eine Krankheit leicht und macht sie nur schlimmer. Gehen Sie rechtzeitig zum Arzt, wenn Sie Schmerzen haben oder bestimmte Bewegungen Schwierigkeiten machen.

Rheuma zu haben ist keine Frage des Alters, obwohl typische Verschleißerscheinungen im Alter jeden treffen. Man muß sich daher auch nicht schämen, Rheumatiker zu sein: Die richtige Behandlung, eine gesunde Lebensweise und das Befolgen einiger Ratschläge helfen Ihnen, geben Ihnen meistens die Beweglichkeit zurück und vermeiden fast immer Spät- und Folgeschäden, die Sie zum Pflegefall machen würden.

Dieses Buch vermittelt Ihnen Grundwissen über die wesentlichen Krankheitsformen, die man unter „Rheuma“ versteht, und die Behandlungsmethoden. Es eignet sich auch als Gedächtnisstütze zum Nachschlagen und sollte zu Ihrem ständigen Begleiter werden.

Was ist Rheuma?

Das Wort Rheuma ist griechisch und bedeutet „Fließen"; früher glaubte man, daß da kalter Schleim über die Gelenke fließe. Heute versteht man unter Rheuma keine einheitliche Krankheit, sondern eine Zusammenfassung verschiedener Krankheiten mit sehr ähnlichen Symptomen: ziehenden Schmerzen, die den Stütz- und Bewegungsapparat des menschlichen Körpers betreffen. Sie können in jedem Alter auftreten und sehr unterschiedlich verlaufen. Nur für einen Teil sind die Ursachen bekannt. Auf den folgenden Seiten erfahren Sie mehr darüber.

Wo Rheuma angreift

Stütz- und Bewegungsapparat

Die „Internationale Rheuma-Liga" kennt über 50 rheumatische Krankheiten. Alle verursachen Schmerzen an Gelenken, Muskeln, Sehnen oder Nerven. Sie gehen entweder auf eine Entzündung oder Verschleißerscheinungen zurück – manchmal auch beides, und in einigen Fällen spielt Veranlagung eine Rolle.

Der Stütz- und Bewegungsapparat besteht aus Knochen, die den Weichteilen Halt bieten. Knorpel kleiden die Gelenkflächen aus, Muskelgewebe kann sich zusammenziehen und erlaubt uns Bewegung. Bindegewebe hält den Körper zusammen. Ein Netz von Nerven gibt elektrische Impulse ab und leitet sie weiter: Das sind Befehle, dies oder jenes zu tun, oder Signale wie Schmerz.

Schwachstelle Nummer 1: die Gelenke

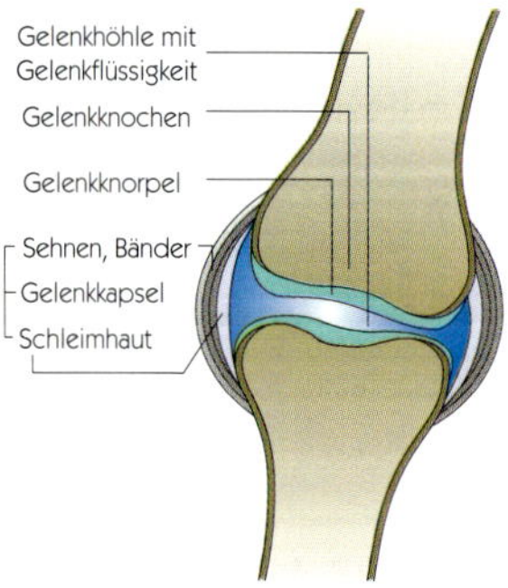

So ist ein Gelenk aufgebaut.

Gelenke sind bewegliche Knochenverbindungen, die mit Knorpeln überzogen, aber durch einen Spalt getrennt sind. Knochenhaut bildet darum eine schützende Gelenkkapsel, die durch Gelenkbänder verstärkt wird. Die Innenverkleidung der Gelenkkapsel sondert eine Schmiere ab, auf der sich die Gelenkflächen reibungslos bewegen können. Gehen diese normalerweise sehr festen Knorpelüberzüge verloren, bewegt sich Knochen gegen Knochen; die Flächen werden rauh, kleine Stückchen splittern ab. So entsteht bei der Bewegung ein Geräusch. Zugleich wird die Bewegung schmerzhaft, das Gelenk kann anschwellen und wird druckempfindlich.

An den Ansatzstellen der Muskeln liegen Schleimbeutel, die das Gleiten der Sehnen verbessern. Auch sie können sich entzünden. Die Gelenksentzündung nennt man Arthritis; der Verschleiß heißt Arthrose. (Das griechische Wort für Gelenk ist „arthros".)

Warum bei Rheuma oft Muskeln weh tun

Die Muskeln setzen mit Sehnen an der Knochenhaut an, die bei Überanstrengungen schmerzhaft gereizt wird. Die Wirbelsäule ist die Stütze des Rumpfes, der Wirbelkanal dient als Schutzhülle für das empfindliche Rückenmark. Die Last tragen die Wirbelkörper und die als Puffer dazwischen gelagerten Bandscheiben. Jeder Wirbel besteht aus dem Wirbelkörper, dem Wirbelbogen, einem Dornfortsatz (nach hinten), zwei Querfortsätzen, an denen die Rippen mit Gelenken ansetzen (damit sie sich beim Atmen bewegen können) sowie zwei oberen und zwei unteren Gelenkfortsätzen. Zwischen den Wirbelbögen treten die Rückenmarksnerven aus.

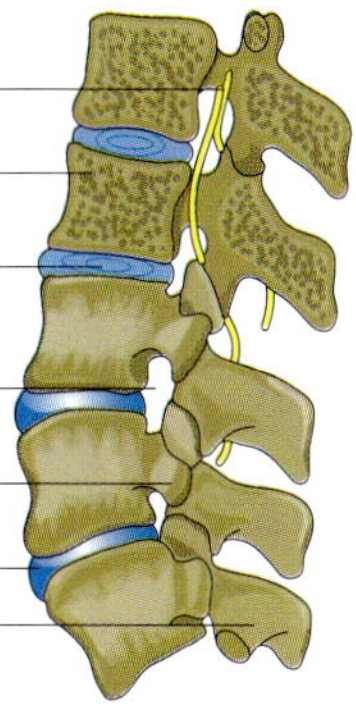

So sieht die Lendenwirbelsäule von der Seite aus.

Die Bandscheiben nun gewährleisten die Beweglichkeit der stark belasteten Wirbelsäule. Sie bestehen aus einem Gallertkern, der sich bei Druck gut verformt, und einem Faserring. Wenn dieser Gallertkern nicht mehr elastisch genug ist, nimmt die Wirbelsäule Schaden durch die ungleiche Druckverteilung bei Bewegungen und Belastungen; ihre Beweglichkeit nimmt ab. Da der Körper sich trotzdem bewegt, kommt es zu Reizungen und Entzündungsreaktionen. Die so entstehenden Schmerz-Signale werden über die Nerven weitergeleitet. Muskeln verkrampfen und verhärten sich, Nerven sind ständig überlastet oder werden eingeklemmt. Schmerzen oder auch Kribbeln und Taubheit können so von der Wirbelsäule bis in die Finger- bzw. Fußspitzen reichen.

Gelenkschmerzen können überall da entstehen, wo der Körper bewegliche Verbindungen hat. Es wird also auch die Beweglichkeit eingeschränkt.

Bei Entzündungen der Wirbel spricht man von Spondylitis beziehungsweise Spondylarthritis und bei Verschleißerscheinungen von Spondylose beziehungsweise Spondylarthrose.

Die Ursachen sind zum Teil noch gar nicht geklärt

Veranlagung **Bei den entzündlichen Rheumaleiden handelt es sich um Allgemeinkrankheiten des Körpers, die vorwiegend die Gelenke betreffen, aber auch innere Organe befallen können. Als Ursachen spielen Infektionen, aber häufig auch die Veranlagung eine Rolle. Manchmal ist eine Störung des Immunsystems für die Erkrankung verantwortlich.**

Bei entzündeten Gelenken sollte man sich auch fragen, ob man schon länger nicht beim Zahnarzt war oder z. B. eine Erkältung nicht richtig auskuriert hat.

Die Ursachen der einzelnen Rheumaerkrankungen sind nur zum Teil bekannt: So ist das akute rheumatische Fieber Folge einer Infektion mit Streptokokkenbakterien (z. B. Angina, Scharlach, Wundrose, vereiterte Zahnwurzel, Mittelohrentzündung).

Deshalb sollte man unbedingt darauf achten, Infektionskrankheiten richtig auszukurieren, und die vom Arzt verordneten Medikamente auf gar keinen Fall eigenmächtig vorzeitig absetzen. Sonst besteht die Gefahr, daß sich verschleppte Krankheitserreger in den Gelenken festsetzen und zu schmerzhaften Entzündungen führen.

Sehr viel schwieriger ist es bei der rheumatoiden Arthritis. Hier liegt mit Sicherheit ein Schaden des Bindegewebes vor. Trifft dann ein heute noch unbekannter Auslöser (es können auch mehrere sein) ein Gelenk, so entsteht eine Entzündung. Aber das ist erst der Anfang eines komplizierten Kreislaufs, bei dem unser Immunsystem eine wichtige Rolle spielt.

Wenn das Immunsystem Amok läuft

In der Folge erkennt der Körper hierbei entstehende Stoffe als körperfremd (= anti-gen) und reagiert mit der Bildung von Abwehrsubstanzen (= Anti-Körpern), die dann beide zusammen einen Immunkomplex bilden. Daß der Körper auf diese Weise gegen schädliche Eindringlinge vorgeht, ist eine ganz normale Reaktion, ohne die wir nicht „mit heiler Haut" von vielen Infektionskrankheiten davonkämen.

In einem gesunden Körper erreichen diese Immunkomplexe immer nur ein bestimmtes Molekulargewicht und können daher von anderen körpereigenen Wirkstoffen wieder aufgespalten werden. Bei der rheumatoiden Arthritis überschreitet jedoch das Molekulargewicht diese kritische Grenze. Jetzt ist das Molekül nicht mehr auflösbar, sondern kreist als Rheumafaktor im Blut. Dadurch kann es sich in verschiedenen Körperteilen festsetzen und führt dort zu einer entzündlichen Zerstörung, da jetzt Fremd- und Eigengewebe nicht mehr unterschieden werden können.

Gibt es sonst noch eine Veranlagung für Rheuma?

Bei der Bechterew-Krankheit, die noch ausführlich beschrieben wird, gibt es sicher eine Veranlagung für die auslösende chronische Entzündung.

Beim Weichteil-Rheumatismus ist ebenfalls eine Veranlagung zu vermuten. Er geht teilweise auf Entzündungen zurück, und dafür sind oft gewisse Reize wie Schmerz, Auskühlung oder Überlastung verantwortlich. Der Patient leidet an einem überempfindlichen Schmerz- und Nervensystem – die Schmerzschwelle ist herabgesetzt. So kommt es zu den oft sehr unangenehmen, ziehenden Schmerzen in bestimmten Muskel- und Bindegewebspartien.

Die Ursachen für Gelenkschmerzen sind neben Verschleißerscheinungen oft Entzündungen der Gelenke, und dafür ist manchmal eine Veranlagung des Patienten verantwortlich. Bei manchen chronischen Rheumaformen produziert ein fehlgeleitetes Immunsystem diese Entzündungen selbst.

Infektionen als Rheuma-Auslöser

Rheumatisches Fieber

Das akute rheumatische Fieber brachte die Ärzte schon vor rund 2000 Jahren darauf, von „fließenden Säften" zu sprechen. Diese Form von Rheuma bricht mehrere Wochen nach einer Infektion mit Streptokokken-Erregern aus. Der Patient hat hohes Fieber; die Gelenke sind rot und schmerzhaft geschwollen; auch das Herz kann angegriffen werden. Auch die eitrige Gelenksentzündung tritt als Folge einer Bakterieninfektion auf.

Akutes rheumatisches Fieber ist eine Folgeerkrankung nach Streptokokkeninfektionen wie Angina, Scharlach, Wundrose, Mittelohrentzündung oder vereiterter Zahnwurzel.

Das akute rheumatische Fieber ist überwiegend eine Krankheit der Kindheit und der frühen Jugend. Meistens tritt sie im Alter zwischen 5 und 18 Jahren auf; nach dem 40. Lebensjahr kommt sie so gut wie nicht mehr vor.

Das Fieber steigt rasch auf 38 bis 40 Grad. Es kann einige Tage, aber auch Wochen dauern. Dann klingt es ab und kommt in Schüben wieder. In der zweiten und dritten Woche besteht die Gefahr, daß Herzgeräusche auftreten und sich der Allgemeinzustand des Patienten sehr verschlechtert. Dann kann es zu bleibenden Folgeschäden wie einem Herzklappenfehler oder Herzmuskelschwäche kommen.

Ebenfalls Folge von Infektionskrankheiten: die eitrige Gelenksentzündung

Auch diese Rheumaform tritt meistens bei jungen Menschen auf. Sie ist eine Folge von Bakterieninfektionen.

Wenn sie nicht ausreichend behandelt wird, „verschleppt" man sie leicht. Das führt zu Versteifungen und anderen Veränderungen mit Fehlstellungen der Gelenke. Die wichtigsten Erkennungszeichen sind:

- Ständige oder immer wiederkehrende Schmerzen in den großen Gelenken, manchmal zuerst auch nur eine Schwellung und Verdickung der Sehnenscheiden,
- Schwellung einzelner oder mehrerer großer Gelenke, die warm und leicht gerötet sind,
- Müdigkeit, Nachlassen der allgemeinen körperlichen Leistungsfähigkeit,
- Blässe,
- manchmal Fieberschübe.

Infektionskrankheiten dürfen niemals verschleppt werden! Fragen Sie Ihren Arzt, wenn Sie bezweifeln, ob Sie eine Infektion auskuriert haben.

Peter B., 13 Jahre

Als er ins Krankenhaus kommt, ist er sehr blaß und schlapp. Seine Temperatur liegt zwischen 38 und 39 Grad, die Gelenke an Knien und Ellenbogen sind geschwollen und tun bei Bewegung und Berührung weh. Bei der Untersuchung fallen Herzgeräusche auf: Die Innenhaut des Herzens hat sich entzündet, und die Herzklappen schließen nicht mehr richtig. Die Ursache dieser rätselhaften Erkrankung: Peter war vor 4 Wochen wegen einer Mandelentzündung in Behandlung gewesen, und seine Eltern hatten zu früh geglaubt, er sei wieder gesund. Es zeigt sich, daß die Mandeln immer noch geschwollen und vereitert sind.

Es bleibt nichts anderes übrig, als zunächst diese Infektionsherde anzugehen. Streptokokken sind kugelförmige Erreger (kokkos heißt auf griechisch Kugel), die sich kettenförmig anordnen (streptos: Kette). Sie wandern im Blut bis in die Gelenke und verursachen dort Entzündungen. Nach Beginn der Behandlung geht es Peter sehr schnell besser.

Der Junge bekommt Penicillin, das die Krankheitserreger abtötet, und seine Mandeln werden entfernt. Nach drei Wochen kann er nach Hause.

Rheumatoide Arthritis: Früherkennung ist wichtig

Rheumatoide Arthritis

Diese Rheumaform ist wohl die bösartigste und unberechenbarste. Sie ist zwar nicht lebensbedrohlich, kann aber dazu führen, daß der Patient frühzeitig zum Invaliden wird. Und das bringt natürlich große menschliche und soziale Probleme mit sich.

Ohne Behandlung führt die rheumatoide Arthritis zu einem Siechtum mit schweren Versteifungen und Verformungen der betroffenen Gelenke.

Die rheumatoide Arthritis tritt bei Frauen dreimal häufiger auf als bei Männern, meistens im Alter von 40 bis 65 Jahren, manchmal aber auch bei jungen Menschen. Die eigentliche Ursache ist unbekannt. Man weiß bislang nur, daß hier wahrscheinlich eine Störung des körpereigenen Abwehrsystems vorliegt: Das Immunsystem bildet Antikörper, die die entzündlichen Prozesse im Kör-

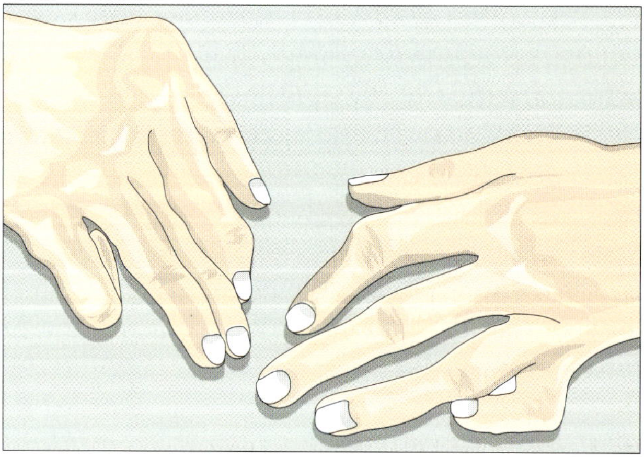

Mit solchen Händen hat man Schwierigkeiten, im Alltag zurechtzukommen.

per auslösen. Solche Erkrankungen bezeichnet man als Autoimmunkrankheiten.

Hauptmerkmal der rheumatoiden Arthritis ist, daß sie vorwiegend die kleinen Gelenke befällt, vor allem die Fingergrundgelenke und die kleinen Fußgelenke. Die Entzündungen gehen jedoch nicht wie beim akuten rheumatischen Fieber wieder zurück, sondern werden immer schlimmer und führen schließlich zur Zerstörung der Knorpel und Gelenke.

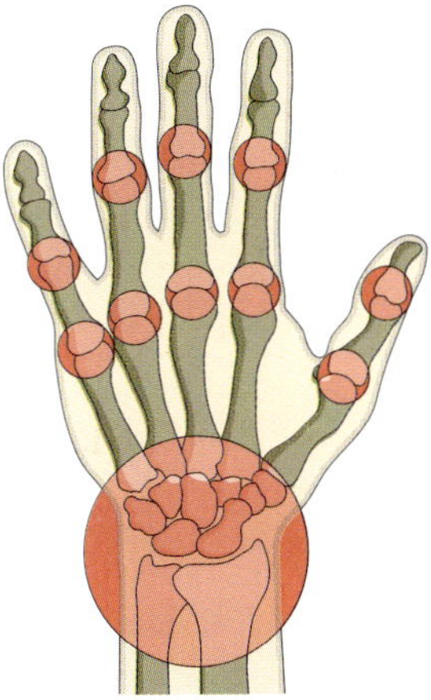

Auf dem Röntgenbild zeigt sich die Entzündung verschiedener Hand- und Fingergelenke bei der rheumatoiden Arthritis.

Wenn jede Bewegung Schmerzen bereitet

Erst sind die Schmerzen leicht; man sollte aber gewarnt sein, wenn sie mit ebenfalls leichtem Fieber einhergehen. Die Haut wirkt blaß. Typischerweise schwellen die Gelenke meistens gleichmäßig symmetrisch an, z. B. sind die gleichen Finger der rechten und linken Hand oder die gleichen Zehen am rechten und linken Fuß betroffen.

An diesen Symptomen erkennt man die rheumatoide Arthritis

Früherkennung ist besonders wichtig, wenn man diese Form von Rheuma erfolgreich bekämpfen will. Im Anfangsstadium kann es sein, daß die Symptome nicht richtig gedeutet werden. Daher macht der Arzt eine Reihe routinemäßiger Untersuchungen.

Die wichtigsten Erkennungsmerkmale der rheumatoiden Arthritis sind:

- morgendliche Steifigkeit der Fingergelenke,
- Schwellungen der Gelenke,
- Schmerzen beim Bewegen und Drücken,
- Knoten unter der Haut an Unterarmen und Unterschenkeln,
- nachlassende Beweglichkeit,
- Hautblässe infolge leichter Blutarmut.

Wenn man nicht mehr geradeaus sehen kann

Bechterew-Krankheit **Dieses Leiden befällt vor allem die kleinen Gelenke der Wirbelsäule und trifft Männer ungefähr zehnmal so oft wie Frauen. Meistens beginnt es im dritten Lebensjahrzehnt und führt langsam durch die Verknöcherung der Gelenke zu einer völligen Versteifung der Wirbelsäule, so daß man den Kopf dann nicht mehr heben und auch nicht mehr richtig senken kann.**

Der medizinische Fachbegriff „Morbus Bechterew" erinnert an den Sankt Petersburger Arzt Wladimir Michailowitsch von Bechterew, der sich im späten 19. Jahrhundert besonders um die Erforschung dieser rätselhaften Krankheit verdient gemacht hat.

Wenn die Gelenke der Wirbelsäule verknöchern, bewirkt das eine starke Beugung nach vorn, weil eine zusätzliche Verkalkung und eine Verkürzung des vorderen Längsbandes die Wirbelsäule in eine starre Haltung zwingen – und damit auch den Kopf. Wenn der Patient

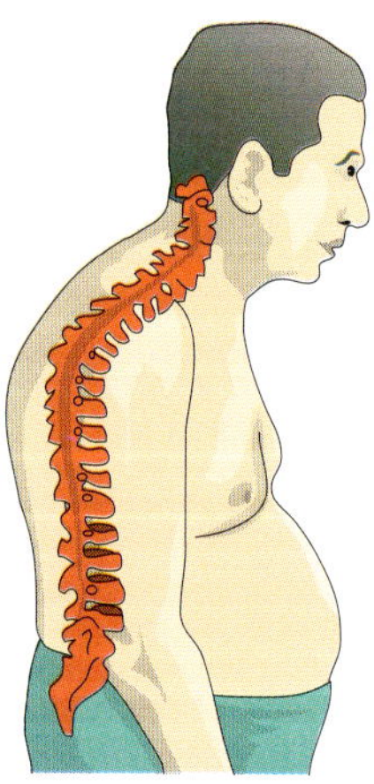

Die typische Haltung bei der Bechterew-Krankheit

versucht, mit ausgestreckten Fingern den Boden zu berühren, ist der Abstand extrem groß.

Man kann die Bechterew-Krankheit als eine Sonderform des chronischen Gelenkrheumatismus verstehen, die vor allem an den Gelenken zwischen den Wirbeln, den Gelenken zwischen Wirbeln und Rippen und den Gelenken zwischen Kreuzbein und Becken angreift. Die Verknöcherung der Gelenke zwischen Wirbel und Rippen macht auch den Brustkorb steif. Das führt zu Atembeschwerden und beeinträchtigt die Herztätigkeit.

Begleitende Anzeichen der Bechterew-Krankheit sind Darmkrankheiten und Entzündungen der Regenbogenhaut der Augen, allgemeine Schlappheit und erhöhte Temperatur.

Der Teufelskreis aus Schmerzen und „Schonhaltung"

Zunächst hat der Patient morgens „Kreuzschmerzen" oder wacht sogar davon auf. Dann ziehen diese Schmerzen den Rücken hinauf. Schließlich kommen Schmerzen im Brustbereich hinzu, das Atmen fällt schwer, der Rücken wird zunehmend steif. Eine Schonhaltung, bei der die dauernden Schmerzen noch am ehesten erträglich sind, gibt dem „Zug" einer schon bestehenden Verkrümmung der Wirbelsäule nach. Dadurch verstärkt sich die Krümmung immer weiter.

Heinz K., 49 Jahre

Heinz kommt wegen Rückenschmerzen in die Sprechstunde. Er geht vornübergebeugt und erklärt, schon seit vielen Jahren habe er Schwierigkeiten, „sich geradezuhalten". Es fällt auf, daß die Hauptkrümmung seiner Wirbelsäule im Bereich des Brustkorbs liegt, der dadurch eingesunken wirkt. Die Halswirbelsäule ist nach hinten überstreckt, nur dadurch kann er noch geradeaus sehen. Er berichtet, seine Schmerzen hätten unten im Rücken begonnen und sich dann das ganze Rückgrat hinaufgezogen. Um diese Schmerzen erträglicher zu machen, habe er eine immer krummere Haltung eingenommen.

Gicht – eine Stoffwechselstörung

Gicht

Eigentlich gehört die Gicht zu den Stoffwechselkrankheiten, aber sie betrifft vorwiegend den Stütz- und Bewegungsapparat durch die schmerzhafte Ablagerung von Harnsäure-Kristallen in Gelenken am ganzen Körper, die sich dadurch entzünden.

Gichtkranke haben zuviel Harnsäure im Blut, die beim Abbau von Kernbestandteilen in den Körperzellen ent-

Ein wichtiges Erkennungszeichen der Gicht sind die schmerzhaften Gichtknoten: Sie bestehen aus Harnsäure-Salzkristallen, die sich in den Gelenken, aber auch in den Nieren und unter der Haut ablagern.

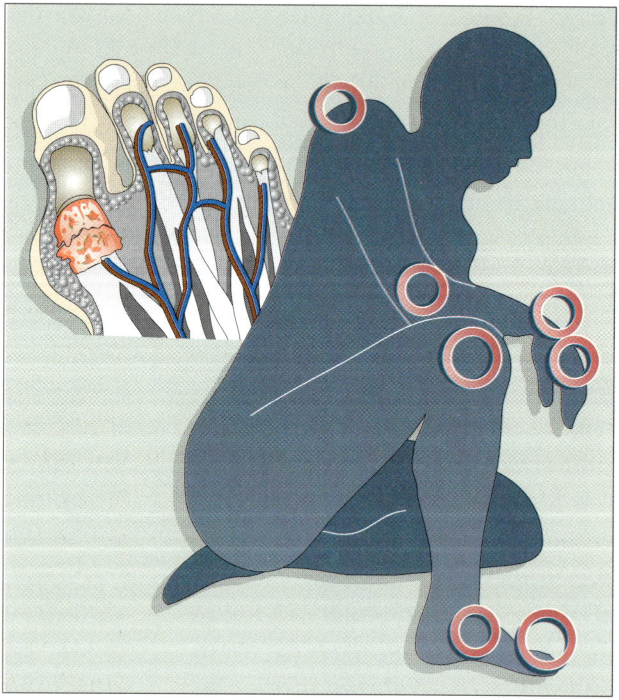

Gicht befällt am häufigsten die hier abgebildeten Gelenke; ganz besonders betroffen ist das Grundgelenk der großen Zehen.

steht. Weil der Stoffwechsel gestört ist, lagert sich die Harnsäure in Form von Kristallen in den Gelenken und anderen Körperregionen ab, und das führt meist nachts zu Schmerzanfällen, vor allem im Großzehengelenk. Je weiter die Krankheit fortschreitet, desto häufiger werden diese Anfälle.

Wer ist betroffen?

Die Ärzte vermuten, daß bis zu zwei Prozent aller Männer und ein halbes Prozent aller Frauen an Gicht leiden. Die Veranlagung zu der ursächlichen Stoffwechselstörung ist erblich, aber das bedeutet noch lange nicht, daß man unbedingt krank werden muß, wenn diese Voraussetzung vorliegt. Ernährungsfehler wie Übergewicht, Alkohol etc. lösen die Stoffwechselstörungen nämlich erst aus.

Bei Kindern ist Gicht sehr selten, kommt aber vor, und bei Jugendlichen gibt es immer wieder Fälle von Gicht. Die Wahrscheinlichkeit, daß die Gicht zum Ausbruch kommt, ist bei jungen Männern sehr viel höher als bei jungen Frauen.

Erst durch falsche Ernährung kommt es bei entsprechend veranlagten Leuten zu Störungen des Stoffwechsels und zu Ansammlungen von Harnsäure-Kristallen, die Gichtanfälle auslösen. In akuten Fällen gibt es schnelle Hilfe durch Medikamente.

Heiner P., 50 Jahre

Sein Gesicht ist etwas gedunsen, dick und bläulich, er hat Übergewicht. In einer Nacht hatte er plötzlich heftige Schmerzen in den Gelenken der großen Zehen. Er kann sich am nächsten Morgen immer noch nicht bewegen und auch nicht aufstehen. Schließlich ruft er den Arzt, der die Diagnose „Gicht“ stellt. Nach einer Spritze lassen die Schmerzen bald nach. Aber damit allein ist es natürlich noch nicht getan: Heiner P. muß das Problem langfristig angehen und seine Lebensweise verändern. Im Gespräch mit dem Arzt stellt sich heraus, daß Herr P. gern abends ein Glas trinkt – oder auch zwei. Seit er auf Alkohol verzichtet und auch etwas gegen sein Übergewicht tut, hat er keinen Anfall mehr gehabt.

Verschleißerscheinungen an den Gelenken

So entsteht eine Arthrose:

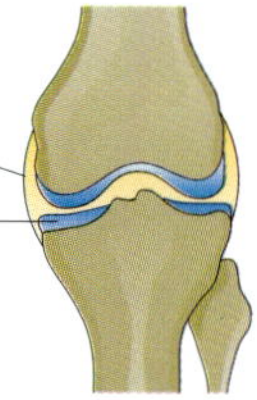

Gelenkkapsel und Knorpelbelag sind noch gesund.

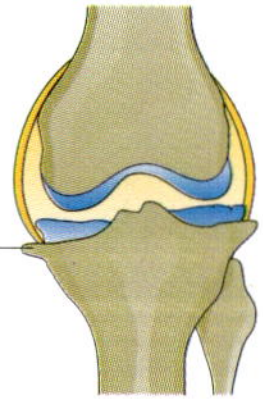

Knöcherne Auswüchse vermindern die Beweglichkeit.

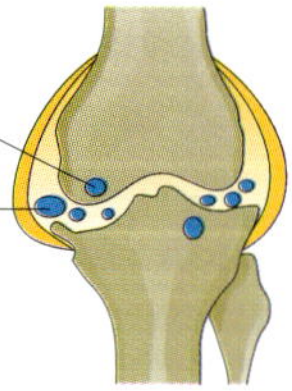

Verschleiß richtet Schaden an.

Arthrosen

Arthrosen und Spondylosen, also Verschleißerscheinungen der Gelenke und der Wirbelsäule, gehören zu den häufigsten Krankheiten überhaupt. Vor allem ältere Menschen sind von dem Problem betroffen, daß Knorpel oder Bandscheiben weniger elastisch werden, was zu Schäden und Verformungen führt.

Es handelt sich hier um chronische, aber nicht entzündliche Erkrankungen der Gelenke, die irgendwann einmal in mehr oder weniger schwerer Form jeden Menschen treffen.

Die Ursachen sind vielfältig. Es gibt eine erbliche Veranlagung zu weniger widerstandsfähigem Knorpelgewebe; aber auch Überbeanspruchung durch Arbeit und Sport oder das viel zuwenig beachtete Übergewicht spielen eine Rolle. Schon geringe Fehlstellungen wie X- oder O-Beine oder ein schlecht geheilter Knochenbruch führen zu einer dauernden falschen oder einseitigen Belastung eines Gelenkabschnitts und damit zu vermehrtem Verschleiß des Knorpels.

Schwachpunkt Knorpel

Der Knorpel ist ein schlecht ernährtes Gewebe und hat nur einen geringen Stoffwechsel, der nicht ausreicht, um zerstörte Teile wiederherzustellen. Eine Arthrose beginnt am Knorpel. Gesunde Knorpel, wie man sie beim Metzger an Tiergelenken sehen kann, sind weißbläulich und spiegelglatt. Wenn sie ihre Geschmeidigkeit verlieren, werden sie spröde und rauh. Schließlich splittern sie und gehen zugrunde.

Ist ein Knorpel einmal abgerieben – und das geht mit der Zeit immer schneller, da die rauhen Flächen aneinanderreiben und sich oft freie Teilchen wie Sand im Getriebe verhalten –, wird der Knochen angegriffen. An den Rändern der Gelenke treten Randwülste und Zakken auf. Das Gelenk verformt sich auch nach außen hin sichtbar, und mit ihm die ganze Gelenkkapsel. Mit so geschädigten Gelenken ist die Bewegungsfähigkeit stark eingeschränkt, und man hat starke Schmerzen.

Einmal eingetretene Zerstörung der Knorpel ist nicht wieder rückgängig zu machen. Deshalb kommt der Vorbeugung große Bedeutung zu. Das wird schon bei der Aufnahmeuntersuchung für die Grundschule berücksichtigt, damit man den Orthopäden einschalten kann.

An den unteren Körperpartien ist die Belastung am größten

Entsprechend ihrer Belastung werden zuerst die großen Gelenke der unteren Gliedmaßen und der Wirbelsäule von Arthrosen befallen: am häufigsten Hüftgelenke und Kreuzbeinwirbel, dann die Kniegelenke, die Fußgelenke, Schulter-, Ellenbogen- und Handgelenke.

Sehr typisch ist, daß viele Patienten nach längerer Ruhe zunächst Steifigkeit und Schmerzen spüren, die sich dann aber nach einiger Zeit in Bewegung wieder verlieren. Typisch für die Arthrose der Kniegelenke ist auch, daß das Treppabgehen schwerer fällt als das Treppaufgehen.

Da die Probleme also praktisch immer „unten beginnen", ist es wichtig, die Belastung dieser Körperpartien nach Möglichkeit zu verringern. Was das bedeutet, ist eigentlich klar: Man sollte sich bemühen, etwaiges Übergewicht zu reduzieren (schon ein paar Kilo zuviel sind eine nicht zu unterschätzende Mehrbelastung für die Gelenke), und belastende Sportarten wie Gewichtheben auf alle Fälle vermeiden.

Weil ihre Belastung größer ist, werden große Gelenke und die Wirbelsäule zuerst und am häufigsten von Arthrosen befallen. Man kann das Knacken und Knirschen deutlich hören, wenn die Bewegung schon eingeschränkt ist.

Ist eine Hüftgelenksarthrose nicht aufzuhalten, muß ein künstliches Hüftgelenk eingesetzt werden. Da aber auch dieses verschleißt, sollte man die Operation nicht zu früh durchführen lassen.

Arthrosen der großen Gelenke

Hüftgelenke sind bei Frauen besonders häufig betroffen; aber auch schwergewichtige Männer erkranken oft an einer Hüftgelenksarthrose. Besonders wenn sie viele schwere Lasten heben, müssen sie daran denken, daß dabei ihre Knorpel überlastet werden.

Bei Arthrosen der Kniegelenke kommt es oft zu Ergüssen von Flüssigkeit ins Gelenk.

Das Gelenk ist dann schmerzhaft geschwollen und spannt. Wenn die Flüssigkeit abgesaugt (punktiert) wird, tritt schnell eine deutliche Besserung ein. Aber auch ohne Flüssigkeitserguß müssen solche Knie behandelt werden, um Spätschäden zu vermeiden, zum Beispiel ein steifes Bein.

Arthrosen der kleinen Gelenke

Die Erkrankungen der kleinen Gelenke – beispielsweise an Händen und Fingern – führen nicht zu derartig starken Behinderungen wie die Arthrosen der großen Gelenke; sie sind aber ebenfalls sehr schmerzhaft.

Anna Z., 63 Jahre

Sie ist übergewichtig und hat einen schwerfälligen Gang. Außerdem klagt sie über Müdigkeit in den Hüften beim Gehen und Stehen, und wenn sie gesessen oder gelegen hat, fallen ihr die ersten Schritte schwer, weil sie Schmerzen hat und ihre Beine sich steif anfühlen. Ist sie aber erst einmal eine Weile unterwegs, dann geht es wieder besser. Sie kann die Beine in der Regel nicht gut spreizen oder übereinanderschlagen. Das Röntgenbild von ihren Hüftgelenken zeigt pilzförmig veränderte Gelenkköpfe, Zacken an der Gelenkpfanne und einen zu schmalen Gelenkspalt. Frau Z. muß dringend ihr Gewicht reduzieren, damit ihre Hüftgelenke nicht mehr so stark belastet werden. Gegen die Schmerzen verordnet der Arzt ihr ein Medikament.

Die häufigsten Formen

Wie auf der Abbildung unten zu sehen, befällt die Heberden-Arthrose die Endgelenke der Finger. Sie kommt im allgemeinen ab dem 50. Lebensjahr vor, bei Frauen zehnmal so häufig wie bei Männern. Es bilden sich erbsengroße Knötchen auf der Handrückenseite der Fingerglieder, meist am Zeige- und Mittelfinger, die jahrelang schmerzlos bleiben können, bis es vielleicht zu entzündlichen Schüben kommt. Das Tastgefühl ist behindert, und Schmerzen kommen nur an einzelnen Gelenken vor.

Die Bouchard-Arthrose befällt die Fingermittelgelenke und ist nur zu Beginn oder bei späteren Schüben schmerzhaft. Die Beweglichkeit wird hier aber stärker eingeschränkt.

Rhiz-Arthrose nennt man die verschleißbedingten Veränderungen am Daumengrundgelenk. Sie kommen oft bei Frauen nach den Wechseljahren und in Verbindung mit anderen Fingerarthrosen vor und fühlen sich an, als hätte man sich den Daumen verrenkt. Die Muskulatur des Daumenballens bildet sich zurück, und Greifbewegungen schmerzen.

Arthrose an den Händen führt im Gegensatz zur rheumatoiden Arthritis nicht zur Zerstörung der Fingergelenke.

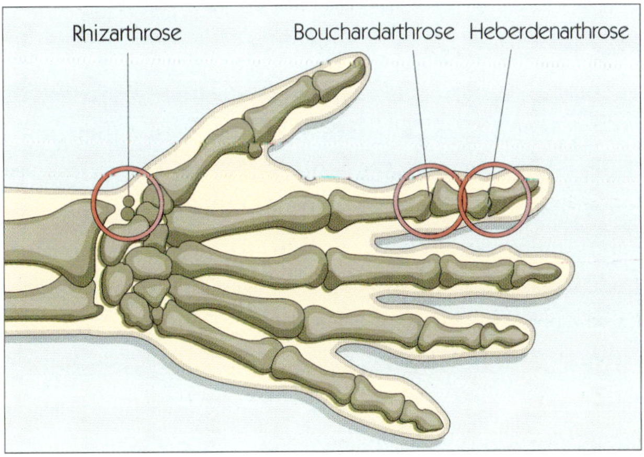

Die häufigsten Verschleißerscheinungen an Fingergelenken und Handwurzel sind: die Heberden-Arthrose, die Bouchard-Arthrose und die Rhiz-Arthrose.

Verschleiß-erscheinungen der Wirbelsäule

Spondylosen **Wenn die Wirbelkörper betroffen sind, spricht man bei den krankhaften Verschleißerscheinungen nicht von Arthrosen, sondern von Spondylosen (griechisch: „Wirbelverschleiß"). Frauen und Männer sind ungefähr gleichermaßen davon betroffen, und jenseits des 60. Lebensjahres kommen sie praktisch bei allen Menschen vor. Nicht immer jedoch bereiten sie Beschwerden.**

Skelett und Gelenke halten den Körper zusammen; wenn hier Verschleiß einsetzt, kann man aber noch nicht von Krankheit sprechen.

Es gibt im Verlauf des Lebens einen ganz normalen Verschleiß der Wirbelsäule, der Ihnen keine Sorgen bereiten sollte. Auch Veränderungen im Röntgenbild brauchen Sie nicht zu beunruhigen, solange sie nicht auf ein echtes Krankheitsbild hinweisen, das mit Schmerzen verbunden ist.

Was ist Schmerz?

Schmerz ist nicht meßbar, d. h. auch nicht objektiv erfaßbar. Wenn Sie sagen, daß Sie Schmerzen haben, muß Ihnen der Arzt glauben und versuchen, die Ursache dafür festzustellen. Die Menschen sind unterschiedlich schmerzempfindlich, und diesem Unterschied muß man Rechnung tragen. Wenn jemand Schmerzen hat, setzt das einen Erregungszustand voraus, der durch mechanische Reize wie Verletzungen, Schläge oder Stöße, chemische bzw. elektrische Reize oder auch durch Hitze und Kälte ausgelöst wird.

Wie funktioniert Schmerz?

Zuerst regen diese Reize sogenannte Schmerzrezeptoren an, die in unterschiedlicher Dichte im Körper verteilt sind, am dichtesten in der Haut. Wenn der Reiz eine gewisse Schwelle überschreitet, entsteht Schmerz als Warnsignal des Körpers vor einem möglichen ernsthaften Schaden.

Von den Schmerzrezeptoren (Empfängern) geht der Reiz über Fasern des Rückenmarks zum Thalamus, dem unteren Teil des Gehirns. Dort wird „vorsortiert" und entschieden, ob der Reiz zur Großhirnrinde weitergeleitet werden soll oder ob der Vorgang unwichtig ist. Das Großhirn ordnet den Schmerz dann ein, vergleicht ihn mit früheren Schmerzerfahrungen und beurteilt seine Stärke, Dauer, Herkunft und Bedeutung für den ganzen Organismus.

Erst wenn eingeschränkte Bewegungsfähigkeit und Schmerzen zusammenkommen, sind die Veränderungen der Wirbelsäule krankhaft und müssen behandelt werden. In solchen Fällen werden Muskeln und Bänder meistens in Mitleidenschaft gezogen.

Die Ursachen krankhafter Wirbelsäulenveränderungen

Die Wirbelsäule bildet zusammen mit den Bandscheiben, den Zwischenwirbelgelenken, dem Bandapparat, Muskeln, Nerven und Gefäßen eine Einheit. Ein krankhaftes Geschehen innerhalb dieses Systems kann zu mehr oder weniger schmerzhaften Störungen in allen Teilen führen, und das wirkt sich auf die Beweglichkeit, das Haltungsvermögen und das Gleichgewicht der ganzen Wirbelsäule aus.

Vor allem die Bandscheiben werden im Alter durch völlig normalen Verschleiß weniger elastisch, trockener und flacher. Die Nervenfunktionen leiden darunter, Muskelverspannungen und Schmerzen verstärken den krankhaften Prozeß. Am Ende können knöcherne Verbindungen zwischen den Wirbeln entstehen. Der Krankheitsverlauf ist schleichend – ebenso wie der Übergang zwischen Normalzustand und Krankheit.

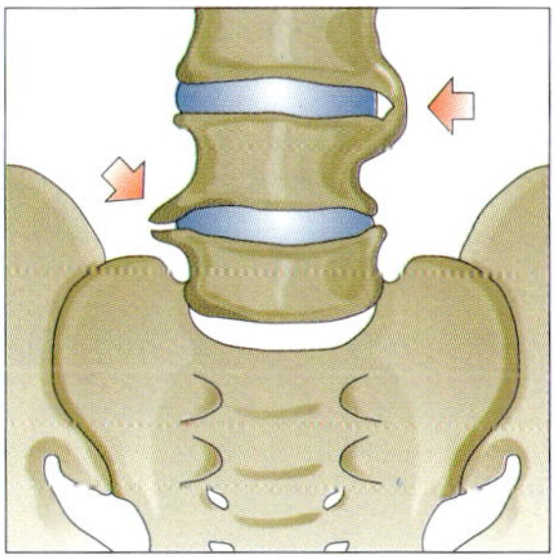

Veränderungen an der Wirbelsäule, die zu eingeschränkter Beweglichkeit führen: Normalerweise sind die mit Pfeil gekennzeichneten Stellen offen, hier aber fast oder ganz zugewachsen bzw. verknöchert.

Die Sache mit den Bandscheiben

Bandscheibenvorfall

Vor allem die Zwischenwirbelscheiben, die sogenannten Bandscheiben, sind im Alter Veränderungen unterworfen. Sie gehören wie Knorpel zu den schlecht ernährten Geweben, deren Stoffwechsel keine Erneuerung erlaubt.

Ein „Bandscheibenvorfall“ ist entweder eine Vorwölbung des unter Druck stehenden Kerns gegen den umgebenden Faserring, oder der Faserring reißt. Dann

Wenn ein Bandscheibenvorfall sehr schmerzhaft ist und entweder nicht zurückgeht oder immer wiederkommt, kann eine Operation notwendig werden.

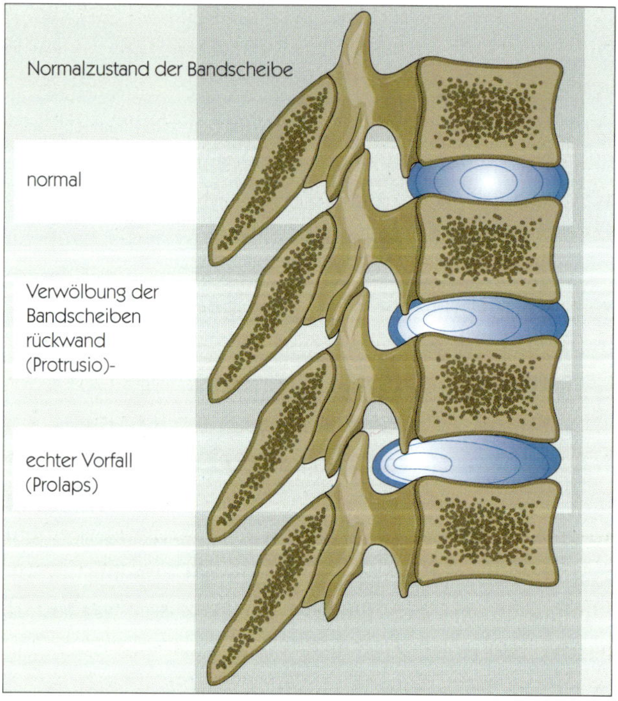

So entsteht ein Bandscheibenvorfall.

kann der einst gallertartig-elastische Kern der Bandscheibe austreten wie der Schlauch bei einem kaputten Fahrrad durch einen Riß im Radmantel.

Geschieht dies nach vorn, so entstehen keinerlei Beschwerden. Fällt die Bandscheibe aber nach hinten oder schräg nach hinten vor, dann führt das zu einer plötzlichen Enge und großem Druck im Zwischenwirbelloch, wo Nervenwurzeln und Gefäße ihren Platz haben. Schmerzen, ja sogar Lähmungen können die Folge sein.

5–10 Prozent aller Bandscheibenvorfälle treffen keinen Nerv und sind daher bedeutungslos.

Bandscheibenvorfall an Hals- und Brustwirbelsäule: Schmerzen wie bei einem Herzinfarkt

Sind die oberen Wirbel betroffen, kann die Beweglichkeit von Kopf, Nacken und Schultern eingeschränkt werden. Außerdem hat der Patient oft Kopfschmerzen, Schwindelgefühle, Ohrensausen und Schmerzen bis in die Fingerspitzen hinein mit Kribbeln und Gefühlstaubheit der Hände und Finger.

Bei Vorfällen im Bereich der Brustwirbelsäule treten oft sehr heftige, anfallartige Rücken- und Brustschmerzen auf, die manchmal täuschende Ähnlichkeit mit den Symptomen einer Herzkrankheit haben.

Wenn die Lendenwirbelsäule betroffen ist: Ischias und Hexenschuß

Am häufigsten sind Bandscheibenvorfälle im Bereich der Lendenwirbelsäule, denn auf ihr ruht der Großteil des Körpergewichts, und wegen ihrer guten Beweglichkeit wird sie mehr als andere Abschnitte der Wirbelsäule beansprucht. Bei einem Vorfall in dieser Region entstehen Schmerzen in der unteren Rückenpartie, die als Hexenschuß oder Ischias bezeichnet werden: Schmerzen, die bis ins Bein ausstrahlen. Die kleinste Bewegung, selbst ein Niesen oder Husten, tut dann schon weh.

Die meisten und auch die gefährlichsten Bandscheibenvorfälle betreffen die Lendenwirbelsäule, also den unteren Bereich, der am meisten aushalten muß.

Wenn Muskeln und Sehnen schmerzen

Weichteil-Rheumatismus

Eine große Gruppe der Krankheiten des Bewegungsapparats faßt die Medizin unter dem Begriff Weichteil-Rheumatismus zusammen, obwohl diese mit den bisher genannten rheumatischen Erkrankungen nichts zu tun haben. Es sind teils entzündliche, teils verschleißbedingte Krankheiten, die vor allem Muskeln, Sehnen, Sehnenansätze und das Bindegewebe der Unterhaut betreffen.

Muskelverspannungen kann man durch Bewegung und Massagen lockern; bei Sehnenerkrankungen werden die Schmerzen jedoch durch jede Tätigkeit schlimmer, ähnlich wie bei Zerrungen.

Die gemeinsamen Merkmale aller Formen von Weichteil-Rheumatismus sind Schmerzen und Gefühlsstörungen. Bestimmte Körperstellen werden bevorzugt befallen, nämlich der Rücken und die Umgebung der Gelenke. Die Schmerzen führen zu Funktionseinschränkungen. Meist handelt es sich um einen Dauerschmerz, der aber in seiner Stärke wechselt und über einen längeren Zeitraum hinweg anhält.

Dieser Schmerz wird durch verschiedene Körperhaltungen und Stellungen verstärkt. Wetter und Klima, Kälte und Wärme haben natürlich auch einen großen Einfluß darauf.

Weichteil-Rheumatismus spielt sich außerhalb der Gelenke ab, aber die Schmerzen sind ähnlich wie bei anderen Gelenkerkrankungen.

Worauf man hauptsächlich achten sollte

Die Beschwerden äußern sich entweder als ziehender Schmerz oder als Kribbeln, eingeschlafene Gliedmaßen, Taubheitsgefühl. Auch leichter Druck und Berührungen, beispielsweise durch Kleidung, werden als schmerzhaft empfunden.

Am häufigsten sind betroffen:

- bestimmte Muskeln,
- Binde- und Fettgewebe unter der Haut,
- Sehnenscheiden und Schleimbeutel,
- Schultern,
- Ellenbogen,
- Rücken.

Die Ursachen reichen von Überlastung bis hin zu einer falschen Bewegung oder einem plötzlichen kalten Luftzug – vor allem in den Sommermonaten, wenn der Körper nicht darauf eingestellt ist.

Immer auch „Nervensache"

Da der ganze Körper von Nervenbahnen durchzogen ist, kann ein Schmerz leicht auf angrenzende, manchmal aber auch auf ziemlich weit entfernte Körperteile übertragen werden: Der Schmerz „strahlt aus". Das ist keineswegs eine Einbildung wehleidiger Patienten, sondern eine Tatsache, die jeder respektiert, der weiß, wie der Körper funktioniert. Man darf daher bei Verdacht auf Weichteil-Rheumatismus das Thema „Nerven" nicht verschämt aussparen, womöglich weil man glaubt, man könnte sich damit vielleicht lächerlich machen.

Betroffen sein können Schultern, Arme und Beine, der Rücken und die Gesäßpartie.

Suchen Sie fachkundige Hilfe

Jeder Arzt, jeder Therapeut, Masseur und Apotheker hat dafür volles Verständnis. Druckpunkte lassen erkennen, wie der Schmerz wandert und wo er herkommt. Sie als Patient mögen Ursache und Wirkung nicht leicht voneinander unterscheiden können; Fachleute können das aber sehr wohl. Dafür gibt es eine ganze Reihe von bewährten Untersuchungsmethoden (siehe auch S. 42). Auf den nächsten Seiten finden Sie eine nähere Beschreibung der wichtigsten Krankheitsbilder, nach Bereichen geordnet.

Bei ständigen Schmerzen, die auch nicht zurückgehen, wenn man den betroffenen Körperteil schont und ruhigstellt, sollte man eine genaue ärztliche Untersuchung veranlassen.

Was sich hinter Muskelverspannungen verbirgt

Muskelschmerz-Syndrom

Der Ausdruck „Muskelrheumatismus“ ist ein wenig irreführend; besser ist es, von einem Muskelschmerz-Syndrom zu sprechen, da es sich hierbei in den meisten Fällen nicht um eine Entzündung handelt. Die Rede ist von der häufigsten Form des Weichteil-Rheumatismus, die immer mehr zu einem sozialen und wirtschaftlichen Problem wird.

Die Folgen von Verspannungen sind teuer und schmerzhaft. Das wissen auch viele Arbeitgeber und fördern den Betriebssport.

Auslöser können Ermüdung, Kälte, Nässe oder eine einseitige Haltung sein, etwa beim Autofahren oder einer ausschließlich sitzenden Berufstätigkeit im Büro.

Die Symptome

Bestimmte Muskeln oder Muskelgruppen schmerzen besonders bei Bewegung. In Ruhe bestehen ziehende und reißende Schmerzen unterschiedlicher Stärke. Jede Bewegung verursacht heftige Schmerzen und dadurch natürlich auch Funktionseinschränkungen. Außerdem fühlt man sich steif.

Jede dauerhaft einseitige Körperhaltung ist schlecht. Wer sich ab und zu bewegt, kann oft verspannte Muskeln schon ohne medizinische Hilfe lockern. Wichtig: nie übertreiben!

In vielen Fällen nehmen die Schmerzen nach etwas Bewegung ab, doch tritt sehr bald eine Ermüdung ein. Dann kehren die Schmerzen verstärkt zurück. Man wird wetterfühlig; jeder Wetterumschwung wirkt sich ungünstig aus. Manchmal sind auch keine sicher lokalisierbaren Druck- und Schmerzpunkte zu finden. Dann tut einem einfach „alles weh“.

„Locker bleiben": Das ist leichter gesagt als getan!

Es bestehen in der Regel gut tastbare Spannungserhöhungen der befallenen Muskelgruppen, die sich hart und knotig anfühlen. Oft spürt man solche verhärteten Muskeln als Strang, der unter dem tastenden Finger hin und her rollt. Diese Verspannungen sitzen oft neben der Wirbelsäule. Durch Lockerungsübungen und Wärme lassen Schmerz und Muskelspannung nach. Geeignete Massagen können die verhärteten und verkrampften Muskeln sehr bessern oder wieder ganz geschmeidig machen.

Meist werden immer wieder bestimmte Gebiete befallen, je nach Ursache die Muskulatur an Nacken, Schultern, Brust und Lendengegend. Wenn die Schulter- und Lendenmuskulatur betroffen ist, liegt den Schmerzen oft eine besondere Gefäßerkrankung zugrunde.

Hat man einmal die Ursache erkannt, sollte man besonderen Wert auf die Vorbeugung legen, d. h. all die Situationen meiden, in denen man anfällig für solche Schmerzen wird, wie etwa Zugluft. Auch Schmerzen, die man sich bei der Arbeit holt, können oft vermieden oder zumindest entscheidend gelindert werden, wenn man einseitige Körperhaltungen immer wieder durch einen Wechsel der Tätigkeit oder eine bestimmte Routine unterbricht. Oft reicht es, wenn man ab und zu aufsteht. Es gibt „Schreibtischtäter", die ganz bewußt darauf verzichten, alle Bücher, die sie für ihre Arbeit benötigen, in Reichweite zu haben. Dann sind sie gezwungen, gelegentlich aufzustehen, um die Bücher zu holen, sich zu bücken und zu strecken.

Vielen Büromenschen helfen bereits regelmäßige Spaziergänge in der Mittagspause oder ein Fußweg zur Arbeit. In Asien gehört gemeinsame Gymnastik meistens schon zum Büroalltag.

Es gibt viele gute Gründe, sich manchmal zu strecken.

Wer sich bücken kann, bleibt länger fit und gesund.

Jeder leidet manchmal an leichten Verspannungen. Daß daraus kein schweres rheumatisches Leiden wird, hängt weitgehend von uns selbst ab.

Besondere Belastung führt zu Schleimbeutel-Entzündungen

Schleimbeutel-Entzündung

Die Symptome sind ähnlich wie bei einer Prellung: Das Gelenk rötet sich, schmerzt und schwillt an, die Beweglichkeit ist eingeschränkt. Hier hilft nur Ruhe und ein Schmerzmittel.

Schleimbeutel sind „Polster", die Gelenke an Stellen schützen, die oft besonderen Belastungen ausgesetzt sind. Manchmal aber reicht dieser Schutz nicht aus. Die Hauptursache für Schleimbeutel-Entzündungen sind Verletzungen wie eine Prellung, dauernder Druck und Belastungen, die sich bei bestimmten beruflichen Tätigkeiten ständig wiederholen.

Ellenbogen, Hüften und Knie sind am häufigsten betroffen

Der betroffene Schleimbeutel ist teigig geschwollen, prall und elastisch, die Haut darüber gerötet. Er tut weh, und das betroffene Gelenk läßt sich nur eingeschränkt bewegen. Meist handelt es sich um eine Entzündung. Am häufigsten erkranken Schleimbeutel am Ellenbogengelenk, am Hüftgelenk und unterhalb der Kniescheibe. Bei sehr großen Belastungen bilden sich neben den schon vorhandenen manchmal auch zusätzliche Schleimbeutel, vor allem bei Verkapselungen des gelenknahen Gewebes nach Unfällen. Schmerzstillende Salben, Ruhe und im schlimmsten Fall eine Spritze können bei einer Schleimbeutelentzündung helfen.

Bei Sehnenscheiden-Entzündung: Schonung!

Sehnenscheiden-Entzündung

Bei ungewohnten Belastungen können sich die Sehnenscheiden entzünden. Auch in solchen Fällen ist Ruhigstellung angesagt.

Auch eine Sehnenscheiden-Entzündung ist meistens die Folge von Überlastung. Sie kommt vor allem an den Sehnen der Unterarme vor. Fast ebenso häufig aber sind bei bestimmten, meist ungewohnten und dann eine Zeitlang intensiv ausgeübten Tätigkeiten die Hände und die Achillessehne betroffen.

Die Sehnen bewegen sich normalerweise geschmeidig in einer Hülle, der Sehnenscheide. Wenn Schwellungen dazu führen, daß sie nicht mehr richtig gleiten können, entzündet sich bisweilen die ganze Umgebung und schmerzt. Dann muß man den entsprechenden Körperteil schonen und möglichst ganz ruhigstellen.

Sehnenansätze können sich ebenfalls entzünden. Die Beschwerden sind dann sehr ähnlich wie bei der Sehnenscheiden-Entzündung.

Karin F., 43 Jahre

Frau F. hat immer gern gestrickt. Doch ist sie seit einigen Jahren beruflich sehr eingespannt und hat ihr Hobby vernachlässigt. Als sie in einer Modezeitschrift die Anleitung für einen schicken Strickmantel findet, kauft sie wieder Wolle und fängt an, in der Freizeit fieberhaft an dem Stück zu arbeiten. Als sie fast fertig ist, tun ihre Handgelenke bei jeder Bewegung weh. Sie macht aber trotzdem weiter. Schließlich muß sie zum Arzt und kommt mit eingegipsten Unterarmen ins Büro: Sehnenscheiden-Entzündung.

Was ist ein Tennisarm?

Gelenknahes Bindegewebe **Bei Schmerzen des gelenknahen straffen Bindegewebes spricht man oft allgemein von „Tendopathien" (Sehnenleiden, Spannungsleiden) und Periostosen (Knochenhautreizungen). Besser aber ist es, jedes einzelne Krankheitsbild für sich zu erklären, da es hierbei doch große Unterschiede gibt.**

Auch am Handgelenk sowie an Speichen- und Ellenverbindungen des Unterarms kann eine entzündliche Reizung der Gewebe auftreten. Die Mediziner haben dafür einen anderen Namen, aber für Laien genügt es zu wissen, daß die Beschwerden ähnlich wie beim Tennisarm sind.

Die bekannteste Krankheit dieser Gruppe ist wohl der sogenannte Tennisarm, besser „Tennisellenbogen". Doch diese Bezeichnung täuscht, denn andere Menschen leiden weit häufiger daran als ausgerechnet Tennisspieler. Auch Golfspieler sind beispielsweise manchmal davon betroffen oder einfach Leute, die viel körperliche Arbeit mit den Armen verrichten und dabei ein Werkzeug schwingen.

Die Schmerzen sind oft heftig und strahlen bis in den Unterarm und in die Finger aus. Ursache ist meistens eine Überlastung. Hilfe bringt Ruhe und schlimmstenfalls eine kleine Operation. Dabei wird die erkrankte Sehne leicht eingeritzt; wenn sie verheilt, bildet sie an dieser Stelle etwas neues Gewebe und verlängert sich, was ihre Dehnbarkeit erhöht.

Das Schultergelenk verkalkt in manchen Fällen und verknöchert, wenn Beschwerden in seinem Umfeld nicht behandelt werden.

Schultersteife

Unter diesen Begriff fallen alle schmerzhaften Erscheinungen rund um das Schultergelenk herum, durch die die Beweglichkeit mehr oder weniger stark eingeschränkt wird. An diesem Prozeß sind meist mehrere

Symptome bzw. Krankheitsmerkmale beteiligt: Gelenkkapsel, Sehnenscheiden, Schleimbeutel und/oder Muskeln, während das Gelenk selbst mit seinen Knochen und Knorpeln keine Veränderungen aufweist. Entweder handelt es sich um eine entzündliche Erkrankung oder um eine Verschleißerscheinung.

Schmerzhafte Druckpunkte (Periostosen) im Bereich der Wirbelsäule und in der Umgebung anderer Gelenke sollte man ernst nehmen und den betroffenen Körperteil ruhigstellen.

Schmerzen, die es nahezu unmöglich machen, die Schulter zu bewegen, verstärken sich, wenn man versucht, den Arm seitlich abzuwinkeln oder nach oben und nach vorn zu strecken. Besonders der „Schürzengriff" wird unmöglich, bei dem man die Arme hinter dem Rücken verschränkt oder zusammenführt. Die Schmerzen können beim akuten Beginn so stark sein, daß der Arm fest an den Brustkorb angelegt wird. Von einer eingefrorenen Schulter („frozen shoulder") sprechen die Ärzte, wenn die Krankheit chronisch wird. Dabei kann die Schulter schließlich völlig steif werden. Deshalb ist hier ärztliche Behandlung besonders wichtig.

Auch Hüft- oder Kniegelenke und Füße können betroffen sein

Ähnliche Beschwerden wie bei der steifen Schulter können auch in der Umgebung des Hüftgelenks auftreten. Die Schmerzen beginnen an der Außenseite des Hüftgelenks und ziehen in den Oberschenkel bis zum Knie. Nachts können die Patienten oft nicht mehr auf der kranken Seite liegen. Wenn sie sich bewegen, haben sie Schmerzen in der Gesäßgegend.

Auch die Umgebung der Kniegelenke kann diese Symptome zeigen. Wenn die Fußsohle oder die Achillessehne an der Ferse befallen ist, kann ohne Behandlung das Gehen unmöglich werden. Schmerzhafte Druckpunkte treten ebenfalls an der Wirbelsäule auf – manchmal nur an einzelnen Stellen, manchmal aber auch am ganzen Rücken.

Die meisten Fälle von Weichteil-Rheumatismus sind nicht wirklich bedrohlich, aber sehr schmerzhaft. Man sollte daher bei den ersten Anzeichen mit dem Arzt über vorbeugende Maßnahmen und die richtige Behandlung sprechen.

Ischiasleiden: Klarheit bei einem unklaren Begriff

Ischias

Ischiasleiden bedeutet auf griechisch schlicht und einfach „Hüftschmerz". Dieser volkstümliche Begriff meint ein häufiges Krankheitsbild, das aber auf sehr verschiedene Weise entstehen kann. Immer scheinen die Schmerzen vom Ischiasnerv auszugehen, dem großen Beinnerv. Dieser ist aber nur ein „Erfolgsorgan", an dem sich die Folgen anderer Krankheiten zeigen.

Das Ziehen und Stechen von Ischiasleiden kommt (ähnlich wie der berühmt-berüchtigte „Hexenschuß") oft plötzlich und völlig unvorbereitet für den Patienten. Die Schmerzen können so stark werden, daß er sich nicht mehr bewegen kann und sogar Hilfe braucht, wenn er auf die Toilette muß.

Was passiert bei „Ischias"?

Meistens sind die Beschwerden einseitig. Starke Schmerzen ziehen sich am Bein hinunter und strahlen oft sogar bis in den äußeren Rand des Fußes aus. Der Patient liegt mit einer Schonhaltung im Bett, das heißt: Knie und Hüftgelenk sind leicht angewinkelt. In dieser Stellung läßt der Zug am Ischiasnerv nach. Die Lendenwirbelsäule wird steif gehalten; sie erscheint weniger als normal nach vorne gebogen.

Wenn Sie starke Schmerzen auf einer Seite des Hüftbereichs haben, sollten Sie sofort einen Arzt verständigen.

An den Dornfortsätzen der Wirbel ist der Patient druck- und klopfempfindlich. Die Muskeln in diesem

Bereich sind stärker gespannt; man kann das deutlich fühlen. Bei Bewegungen nach der kranken Seite hin nehmen die Schmerzen zu, Bewegungen nach der gesunden Seite hin sind dagegen schmerzfrei. Ischiasleiden sind also „einseitig".

Wenn man auf den Nerv drückt, findet man in seinem Verlauf sehr schmerzhafte Punkte. Hebt man das gestreckte kranke Bein an, während der Patient auf dem Rücken liegt, tut das Bein hinten bis in den Fuß hinein weh. Je früher der Schmerz auftritt, desto stärker ist die Erkrankung. Wenn sie länger dauert, kann es zu einer Schwächung der Muskeln (Muskelschwund) und zu Störungen bei sonst gesunden Reflexen kommen; man darf Ischias also auf keinen Fall auf die leichte Schulter nehmen, sondern sollte sich sofort in ärztliche Behandlung begeben.

Die Ursache für Ischiasleiden zu finden, ist das A und O der Behandlung. Mit Abstand die häufigste Ursache ist ein Bandscheibenvorfall (siehe dort).

Hinter Ischias können sich die verschiedensten Erkrankungen verbergen

Ischias ist eigentlich keine Krankheit, sondern lediglich die schmerzhafte Folge anderer Erkrankungen, die den großen Beinnerv in Mitleidenschaft ziehen. Deshalb wird der Arzt vor der Behandlung zuerst einmal die Ursachen abklären.

Die möglichen Ursachen für Ischiasleiden sind zahlreich. Die häufigsten Auslöser können Sie selbst bei sich abfragen:

1. Bandscheibenvorfall,
2. Überanstrengung und Verletzungen,
3. Druck durch Geschwülste im Beckenbereich (Gebärmutter, Vorsteherdrüse),
4. Entzündungen und Verschleißerscheinungen der Wirbelsäule,
5. Druck einer vergrößerten Gebärmutter bei Schwangerschaft.

Der Arzt hat viele Möglichkeiten, die Ursache von Ischiasleiden festzustellen. Für Laien genügt es, wenn sie wissen, was es sein könnte: Das gibt bei der Suche oft den entscheidenden Hinweis.

Gefahr erkannt – Gefahr gebannt

Ärztliche Untersuchungen **Wenn der Arzt Ihren Bewegungsapparat untersucht, scheint das oft sehr schnell zu gehen. Aber hier spielt die Erfahrung eine große Rolle. Viele Verformungen und Fehlstellungen, von denen der Patient vielleicht gar nichts ahnt, erkennt der Arzt auf Anhieb.**

Vorbeugung ist bei Gelenkschmerzen deshalb besonders wichtig, weil es sich in der Regel um chronische Krankheiten handelt. Frühzeitige Untersuchungen des Bewegungsapparates werden schon bei Säuglingen und vor der Einschulung durchgeführt. Dabei achtet man vor allem auf Haltungsfehler der Wirbelsäule oder Fehlstellungen der Gelenke, die zu vorzeitigem Verschleiß und zu Beschwerden führen würden.

Worauf der Arzt zuerst achtet

Bestimmte Haltungsfehler fallen beim Stehen auf. Der Zustand von Muskeln wird am besten in Ruhe überprüft, wenn sie ganz entspannt sein sollten.

Zunächst wird der Arzt den Patienten im Stehen untersuchen. Er achtet dabei darauf, ob die Wirbelsäule normal geschwungen oder verkrümmt ist oder ob gar ein Buckel besteht. Er prüft, ob die Schultern gleich oder unterschiedlich hoch stehen und das Becken gerade oder schief ist. Er stellt fest, ob die Beine gleich oder verschieden lang sind, ob der Patient X- oder O-Beine hat, ob Fehlstellungen oder Verformungen der Gelenke vorhanden sind, und achtet auf Hautverfärbungen und Narben. Schon durch die Haltung und die Stellung der Beine läßt sich oft erkennen, daß der Stütz- und Bewegungsapparat ungleichmäßig belastet wird.

Untersuchungen im Liegen

Im Liegen werden die Gelenke auf Überwärmung, Schwellungen und Beweglichkeit untersucht. Außerdem prüft der Arzt die Muskeln auf Verspannungen und Verhärtungen oder Druckempfindlichkeit.

- Tun bestimmte Bewegungen weh?
- Sind bestimmte Gelenke steif?
- Sind bestimmte Muskeln verspannt, hart und druckempfindlich?
- Gibt es Temperaturunterschiede zwischen einzelnen Hautpartien?
- Sind die Reflexe in Ordnung, d. h. die zwangsläufigen, nicht dem Willen unterworfenen Muskelbewegungen?

Röntgen- und Blutuntersuchungen liefern wichtige Informationen

Es gibt aber noch feinere Hilfsmittel. Die Röntgenuntersuchung der Gelenke und der Wirbelsäule, in bestimmten Fällen auch ein Computertomogramm (ein vom Computer erstelltes Bild aus vielen kleinen Querschnittaufnahmen) kann besonders gut Auskunft über Bandscheibenschäden geben.

Oft kann erst ein Röntgenbild zeigen, ob ein mechanischer Verschleiß an Knorpeln und Gelenken vorliegt. Für Blutanalysen wird dem Patienten eine kleine Blutprobe entnommen.

Durch gezielte Blutuntersuchungen ist zunächst feststellbar, ob eine Entzündung vorliegt oder nicht. Es gibt auch bewährte Verfahren, im Labor zu testen, ob der Patient einen Rheumafaktor im Blut hat, was für sich genommen aber noch kein Zeichen für Krankheit ist, sondern höchstens ein Hinweis. Alle hier aufgeführten Untersuchungen sind von Fall zu Fall wichtig, denn der Schmerz kann die verschiedensten Ursachen haben. Erst wenn alle Untersuchungsergebnisse berücksichtigt werden, kommt der Arzt zur richtigen Diagnose (Krankheits- und Ursachenerkennung) und Therapie (Behandlung).

Bin ich Rheumatiker?

Wenn Sie den Verdacht haben, daß Sie unter Rheuma leiden, können Sie mit dem nachfolgenden Test prüfen, ob Sie zu einer Risikogruppe gehören und was Sie tun können, um sich chronische Schmerzen zu ersparen oder sie loszuwerden – und wie Sie sich vor Spät-

Die kritischen Fragen – die richtigen Antworten

Habe ich Verwandte mit Rheuma?	Wenn ja: Lassen Sie sich vorbeugend untersuchen.
Neige ich zu Erkältungs- und Infektionskrankheiten?	Wenn ja, prüfen Sie, ob im Zusammenhang damit Rükken- und Gelenkschmerzen auftreten.
Ernähre ich mich richtig?	Es gibt zwar keine bestimmte Rheuma-Diät, aber die richtige bzw. falsche Ernährung spielt eine große Rolle. Klären Sie, ob Sie evtl. auf gewisse Speisen vermehrt Beschwerden bekommen.
Kleide ich mich richtig?	Wer bei Zugluft schnell einen steifen Hals bekommt oder irgendwelche Beschwerden hat, wenn er bestimmte Schuhe trägt, sollte sich ärztlich beraten lassen.
Bekomme ich Schmerzen nach einer kalten Dusche oder bei naßkaltem Wetter?	In Grenzen kann Abhärtung vorbeugen; klären Sie aber, ob nicht etwa eine rheumatische Nervenempfindlichkeit vorliegt.
Üben Sie eine einseitige sitzende Tätigkeit aus?	Wenn ja, sorgen Sie zur Abwechslung für Bewegung, und vermeiden Sie Dauerstreß, bei dem Ihre Muskeln sich verspannen.

schäden schützen. Diese Liste mit Fragen kann natürlich nicht hundertprozentig vollständig sein, weil bei rheumatischen Erkrankungen zu viele persönliche Besonderheiten eine Rolle spielen. Doch man kann trotzdem etwa 90 Prozent der Gefahrenpunkte testen und abfragen.

Wer Fieber, entzündete, steife und geschwollene Gelenke hat und sich schlapp fühlt, muß sofort zum Arzt!

Wenn ja: Prüfen Sie, ob Gelenke sich schwer bewegen lassen oder ob sie geschwollen und gerötet sind und Muskeln sich hart anfühlen.	**Habe ich Schmerzen, deren Ursache ich nicht kenne?**
Wenn ja, gehen Sie bald zum Arzt. Prüfen Sie aber auch, ob Sie das richtige Bett haben und ob die Matratze nicht zu hart oder zu weich oder duchgelegen ist.	**Fühle ich mich nach dem Aufstehen steif oder habe Schmerzen?**
Wenn nein: Achten Sie darauf, nicht plötzliche körperliche Höchstleistungen vollbringen zu wollen.	**Treibe ich regelmäßig Sport?**
Achten Sie darauf, Ihre Wirbelsäule nicht zu überlasten, und lassen Sie sich regelmäßig ärztlich untersuchen. (Wirbelsäulengerechtes Verhalten kann man in speziellen Rückenschul-Kursen lernen – erkundigen Sie sich bei Ihrer Krankenkasse!)	**Arbeite ich körperlich hart?**
Wenn ja: Machen Sie eine vernünftige Fastenkur. Übergewicht belastet Wirbelsäule und Gelenke unnötig.	**Habe ich Übergewicht?**
Genußgifte wie Tabak und Alkohol lösen oft rheumatische Beschwerden aus oder verstärken sie.	**Rauche ich oder trinke regelmäßig Alkohol?**
Klären Sie, ob Sie genügend Fruchtsaft trinken, frisches Obst und Gemüse essen oder Vitaminpräparate einnehmen. Im Zweifel fragen Sie Ihren Arzt oder Apotheker.	**Leide ich unter Vitaminmangel?**

Welche Behandlung kommt in Frage?

Zunächst muß man wissen, ob sich hinter rheumatischen Beschwerden nicht eine gefährliche andere Krankheit verbirgt. Auch wenn das ausgeschlossen ist, wird Ihr Arzt die nötige Behandlung entsprechend den Ursachen einleiten. Dafür braucht er das Verständnis und die Mitwirkung des Patienten. Deshalb ist es wichtig, die Behandlungsmethoden zu kennen und zu verstehen. Alle haben das Ziel, Entzündungen zu hemmen, Schmerzen zu lindern und die Bewegungsfähigkeit zu erhalten bzw. wiederherzustellen.

Was immer hilft: Entgiften

Grund-behandlung **Die Schulmedizin kennt viele Medikamente und Heilverfahren bei rheumatischen Erkrankungen. Deshalb fängt jeder Arzt erst einmal damit an. Wenn aber eine Behandlungsmethode versagt, muß man nicht gleich die Flinte ins Korn werfen. Es gibt Mittel gegen Rheuma, die sich bei allen Formen bewährt haben, ganz gleich, was die Krankheitsursache ist.**

Jede Selbstbehandlung ohne vorherige genaue Diagnose durch den Arzt sollte unterbleiben!

Die klassische Schulmedizin arbeitet viel mit Medikamenten, von denen später noch die wichtigsten vorgestellt werden. Auch Operationen machen bei fortgeschrittenen chronischen Fällen immer wieder Sinn. Sehr wirksam sind auch die Anwendung von Kälte bei akuten Entzündungen sowie die Anwendung von Wärme bei chronischen Schmerzen.

Ändern Sie Ihre Ernährungsgewohnheiten

„Schulmedizin" ist die Bezeichnung für die herkömmliche Heilkunst. Sie beruht auf der Anwendung von Heilmitteln, deren Wirkung den Krankheiten entgegengerichtet ist. Homöopathie dagegen bekämpft die Wirkung eines Giftes mit einer sehr kleinen Dosis davon.

Unser Körper steckt voll von Einflüssen der industriellen Technik. Entgiftung und Reinigung stehen daher am Anfang jeder Behandlung. Sie beginnt mit einem Fasten von 1–7 Tagen, das man nach der Anleitung ab S. 90 selbst durchführen kann, wenn man sich zuvor mit dem Arzt beraten hat. Wenn Hilfspersonen zur Verfügung stehen, bietet sich auch eine Entschlackungskur (z. B. Schroth-Kur) an.

Bei Darmbeschwerden bringt vielleicht eine „Symbioselenkung" die Darmflora wieder in Ordnung. Dabei nimmt man einige Wochen lang ein bestimmtes Medikament. Wichtig ist es, danach auf Vollwertkost umzusteigen, die sämtliche lebensnotwendigen Stoffe enthält. Grundsätzlich sind alle Lebensmittel wegzulassen, nach deren Genuß man vermehrte Beschwerden hat, ebenso Nikotin und Alkohol.

Sehr hilfreich zur Entgiftung, bei Entzündungen und völlig ohne Nebenwirkungen ist Knoblauch. Schwitzen, vor allem mit Holunder- und Lindenblütentee, hat sich bewährt, da unsere Haut wie eine „dritte Niere" dabei Giftstoffe absondert. Nebenwirkungsfrei sind auch einige Enzympräparate. Bei Nervenentzündungen sind die Vitamine B_1, B_6 + B_{12} nötig. Rezeptfreie homöopathische Mittel dürfen Sie auch als Laie anwenden, wenn Sie sich von Ihrem Apotheker beraten lassen.

Obwohl es viele Heilmethoden gegen Rheuma gibt, steht besonders bei akuten Erkrankungen die Schulmedizin an erster Stelle.

Was Sie meiden sollten:

- Fabrikzucker, egal woraus: Da fehlen Minerale und Vitamine. Ebenso damit hergestellte Speisen, Süßigkeiten und Getränke.
- Alle Auszugsmehlprodukte: alles ohne Ballaststoffe, also Weißbrot, Brötchen, Zwieback, Kuchen, Pudding, Nudeln.
- Fabrikfette: also raffinierte Öle und Fette einschließlich der meisten Margarinen.
- Tierisches Eiweiß im Übermaß: Fleisch, Wurst, Quark, Käse, Eier.

Was Sie essen sollten:

- Vollkornbrot
- Frischkorngerichte, Honig, Nüsse
- frisches Obst und Gemüse
- pflanzliche Öle

Reinigung und Entgiftung des Körpers sind wesentliche Voraussetzungen für eine sinnvolle Behandlung. Dabei kommt der richtigen Ernährung große Bedeutung zu.

Wie wirken Rheumamittel?

Medikamente **In der Schulmedizin werden mehrere große Gruppen von Medikamenten verordnet, die meistens gezielt gegen bestimmte Ursachen der Krankheit wirken. In einigen Fällen haben sie aber auch Nebenwirkungen, auf die man besonders achten muß.**

In den letzten Jahren hat die Pharmaindustrie eine Reihe wirksamer Mittel entwickelt, die sowohl schmerzlindernd als auch entzündungshemmend wirken. Man soll zwar nicht gleich bei jeder Unpäßlichkeit zur Tablette greifen, aber auch nicht erst dann damit anfangen, wenn die Schmerzen schon sehr stark sind und nur mit hohen Dosen über längere Zeit hin in den Griff zu bekommen sind. Verlassen Sie sich nicht nur auf den Beipackzettel, der Sie vielleicht verunsichert, sondern vertrauen Sie lieber voll und ganz auf Ihren Arzt!

Kortisonfreie Antirheumatika

Bei entzündlichen Rheumaformen wird besonders oft Salicylsäure in verschiedenen Präparaten eingesetzt.

Die Salicylsäurepräparate, allen voran die Azetylsalicylsäure (ASS), stehen an erster Stelle. Sie wurden zuerst aus der Rinde der Salweide (lateinisch: Salix) gewonnen, sind also ursprünglich ein Naturprodukt. Salicylsäure senkt Fieber, hemmt Entzündungen und lindert Schmerz. Jeder kennt sie unter dem Namen Aspirin, aber auch andere Präparate enthalten den Wirkstoff. Er wird auch gebraucht, um die Blutgerinnung zu hemmen, z. B. nach Herzinfarkten und Lungenembolien. Vorsicht ist daher angebracht, wenn jemand zu Blutungen neigt oder Magen- und Darmgeschwüre hat, weil dann die Blutgerinnung nicht beeinträchtigt werden darf.

Häufig werden auch Diclofenac-Präparate und ihre chemischen Verwandten verschrieben, z. B. Voltaren und Diclophlogont. Mögliche Nebenwirkungen sind Magen- und Darmbeschwerden, Wasseransammlungen im Gewebe und Schäden an Leber und Nieren. Die sogenannten Piroxicame dürfen bei Störungen der Leber- und Nierenfunktion oder bei Magen- und Darmgeschwüren, Herzleiden, Bluthochdruck und Schwangerschaft nicht verordnet werden.

Für ganz schwere Fälle gibt es Medikamente, die eine falsche Reaktion des körpereigenen Abwehrsystems gegen Krankheiten unterdrücken (lateinisch: Immunsupressiva).

Man hat auch schon gute Erfahrungen mit Medikamenten gemacht, die gegen Malaria eingesetzt werden, z. B. Chloroquine (Resochin). In schweren Fällen zusätzlich hilft oft ein Goldpräparat zur sogenannten Basistherapie.

Kortisonpräparate gegen Rheuma

Das Nebennieren-Hormon Kortison und seine Verwandten sind bei schwerem Rheuma oft der letzte Ausweg. Nebenwirkungen können sein: die Gefahr eines fast schmerzlosen und daher übersehbaren und gefährlichen Durchbruchs von Magen- und Darmgeschwüren in die Bauchhöhle, Entkalkung der Knochen (Osteoporose) vor allem an den Wirbelkörpern, Brüche geschwächter Knochen und Zerstörung der Knorpelsubstanz. Bei Diabetikern verschlechtert sich unter Umständen der Stoffwechsel gefährlich. Auch die Infektionsgefahr steigt. Trotzdem werden jährlich mehr als 12 Millionen Pakkungen dieser Präparate verkauft.

Diese Angaben über Medikamente sollen Sie nicht verunsichern, sondern dazu dienen, daß Sie lernen, auf Nebenwirkungen zu achten, mit Ihrem Arzt zu sprechen und vom passiven Patienten zum aktiven Mitarbeiter des Arztes zu werden.

Man darf keine allzu große Angst vor Kortisonpräparaten haben, die sehr segensreich wirken können. Außerdem dosiert der Arzt dieses Medikament sehr sorgfältig, so daß selten mit Nebenwirkungen auf andere Organe zu rechnen ist.

Vorbeugen und Heilen kann man oft nicht trennen

Chirurgie, Orthopädie

Der Orthopäde ist der Facharzt für Erkrankungen des Stütz- und Bewegungsapparates. Meist wird er konservativ vorgehen und Massagen, Physiotherapien (siehe dort), Einlagen oder Korsetts verordnen. Manchmal muß er aber auch zum Skalpell greifen, um schmerzhafte Fehlbildungen zu korrigieren.

Eine Operation kommt in Frage, wenn sie die Schmerzen lindert und zugleich vorbeugend wirkt. So entfernt man bei rheumatoider Arthritis die wuchernde Innenhaut der Gelenkkapsel an Knien, Ellenbogen und Fingern. Erfolgreich ist es auch, zu nähen oder rheumatische Knoten an Sehnen und Sehnenscheiden zu entfernen. Das trifft auch für knöcherne Auswüchse an den Gelenkenden zu, die das Gelenk blockieren. Beim Kniegelenk haben Operationen seltener Erfolg als konservative Behandlungsmethoden. Bei starken X- oder O-Beinen kann man die Gelenkachsen korrigieren: Das gewährleistet in Zukunft eine regelmäßige Belastung aller Knorpelpartien und beugt einem frühzeitigen Verschleiß vor. Bei fortgeschrittenen Gelenkzerstörungen muß manchmal das Knie operativ versteift werden.

Das künstliche Hüftgelenk

Auch bei verschleißbedingten Schäden der Gelenke sind Operationen sehr erfolgreich, vor allem durch

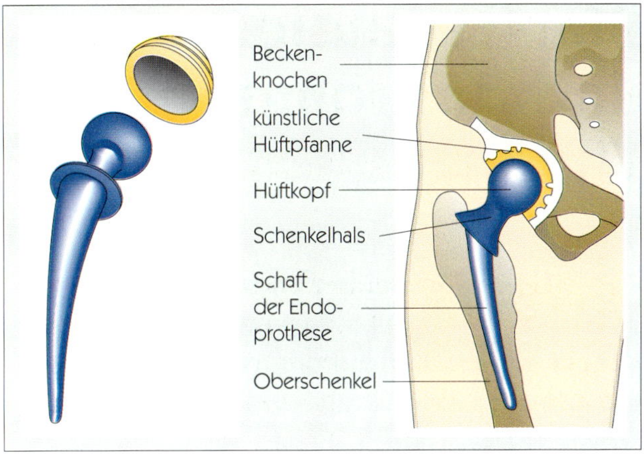

So sieht ein künstliches Hüftgelenk aus: Hier bestehen besonders gute Chancen, daß Sie sich nach der Operation fast „wie neugeboren" fühlen.

künstliche Hüftgelenke aus Metall, Kunststoff oder Keramik. Die Patienten verlieren ihre Schmerzen und können sich wieder wesentlich besser bewegen. Nur darf man eine solche Prothese nicht zu früh einsetzen. Sie lockert sich nämlich nach 8 bis 15 Jahren und muß dann durch eine neue ersetzt werden. Daher machen die meisten Ärzte einen solchen Eingriff nicht vor dem 60. Lebensjahr.

Künstliche Hüftgelenke setzt man nur in Ausnahmefällen vor dem 60. Lebensjahr ein. Da sie bei normalem Gebrauch nach spätestens 15 Jahren ersetzt werden, müßte erneut operiert werden.

Bandscheibenoperation – ja oder nein?

Bei drohender Nervenlähmung oder wenn andere Behandlungsmaßnahmen erfolglos geblieben sind, erwägt der Arzt eine Bandscheibenoperation, die aber nicht risikofrei ist und deren Notwendigkeit daher genau überlegt werden muß. Der Neurochirurg entfernt dabei meist durch einen kleinen Zugangskanal das ausgetretene Material.

Eine Gelenkspiegelung erlaubt eine frühzeitige Erkennung und Behandlung vor allem bei Erkrankungen der Kniegelenke. Der kleine Eingriff mit nachfolgender Krankengymnastik und physikalischer Therapie (Physiotherapie) hat gute Erfolge.

Pfarrer Kneipp und die römischen Thermen

Physiotherapie **Bei der Physiotherapie oder auch physikalischen Therapie geht es um die Behandlung von Krankheiten mit naturgegebenen Mitteln wie Wasser, Wärme, Kälte, Licht, Luft und Massagen. Alle diese Behandlungen haben bei allen Völkern und zu allen Zeiten eine große Rolle gespielt. Nur das Baden kam in Europa jahrhundertelang aus der Mode.**

Bei akuten Entzündungen immer kalte Anwendungen: Eisverband, Lehmpackung, Quarkpackung oder kalte Wickel. Fragen Sie aber vorher Ihren Arzt!

Wohl das größte Verdienst um die Einführung der modernen Hydrotherapie kommt dem Pfarrer Sebastian Kneipp (1821–1897) zu, der bei einer schweren Krankheit die hervorragenden Wirkungen der Wassertherapie erleben konnte. Was Kneipp und die Erbauer der römischen Thermalbäder gemeinsam hatten, war die Erkenntnis, daß sowohl kaltes als auch warmes Wasser in bestimmten Fällen eine heilende Wirkung hat. Der Theologe Kneipp stellte fest, daß körperliche Leiden oft einen seelischen Hintergrund haben. So stellte er seine Lehre auf fünf Säulen:

1. Wasser- und Badebehandlung (Hydrotherapie),
2. die Behandlung mit pflanzlichen Mitteln (Phytotherapie),
3. Diät (Vollwertkost),
4. aktive und passive Bewegung durch Gymnastik, Massage, Wandern und Sport,
5. Psychohygiene (Ordnungstherapie).

Bei akuten Entzündungen

Die physikalische Therapie ist heute wie Medikamente und Operationen aus der Behandlung rheumatischer Krankheiten nicht mehr wegzudenken. So kann auch der Laie nichts falsch machen:

- Bettruhe einhalten,
- kalte Teilwickel anlegen,
- den Hausarzt benachrichtigen.

Für einen Eisverband legen Sie Eiswürfel aus dem Kühlschrank in ein Tuch und zerschlagen das Eis mit dem Hammer auf einem Brett. Ohne Plastiktüte hat man eine feuchte, mit Plastiktüte eine trockene Anwendung, die etwa 3 Stunden lang wirkt.

Bei chronischen Schmerzen ohne Rötung, Schwellung und Hitzegefühl helfen warme Anwendungen: Wickel mit oder ohne Salz und Heublumen, Breiauflagen (z. B. Kartoffeln), heiße Packungen (z. B. Heusack, heißer Lehm, Fango), Bäder mit Zusätzen (Moor, Schwefel, Salz, ätherische Öle).

Bei chronischen Schmerzen

Wickel sind das billigste und einfachste Hausmittel gegen Entzündungen am Bewegungsapparat, und alle werden nach dem gleichen Prinzip gehandhabt. Legen Sie ein großes Woll- oder Flanelltuch zurecht und darüber eine wasserdichte Folie. Auf die kommt der eigentliche Wickel.

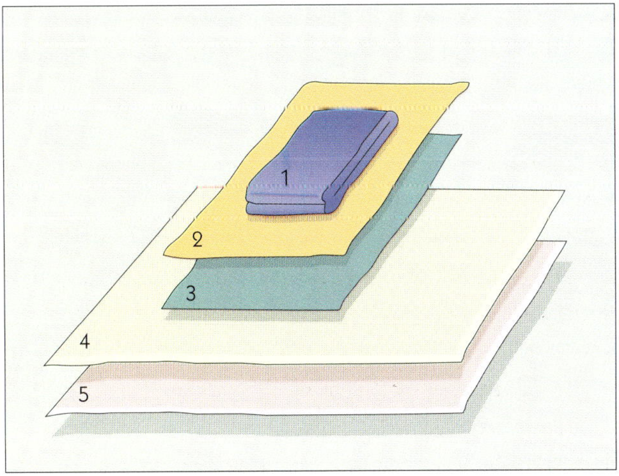

So wird ein heißer Wickel gemacht: Wärmeträger (1) ist ein mehrfach gefaltetes, mit Heublumenextrakt oder Salzwasser getränktes und gut ausgewrungenes Leinentuch. Fango und Paraffin legt man besser nicht direkt auf die Haut, sondern auf Ölpapier. Ein trockenes Wolltuch (2) bedeckt den Wärmeträger. Darüber kommt ein Flanell- oder Wolltuch (3). Im Bett folgt jetzt die Bettdecke, sonst ein Leinentuch (4) und eine große Wolldecke (5).

Spezialgymnastik ist Krankengymnastik, die von Fachkräften durchgeführt werden muß, um jedes Zuviel oder Zuwenig zu vermeiden.

Bewegungstherapie

Wie die gesamte physikalische Therapie, von wenigen Ausnahmen abgesehen, steht auch die Bewegungstherapie am Anfang der Rheumabehandlung und ist in jeder Phase der Erkrankung ein wichtiger Bestandteil der ärztlichen Behandlung. Zur Bewegungstherapie gehören:

- ◇ Spezialgymnastik, evtl. Ergotherapie,
- ◇ Gymnastik, die der Patient selbst durchführen kann,
- ◇ Schwimmen,
- ◇ Lauftraining.

Die Spezialgymnastik dient sowohl der Vorbeugung als auch der Behandlung. Ihr ist in dem Kapitel „Was kann ich selbst tun?“ ein eigener Abschnitt gewidmet, und sie bedarf grundsätzlich einer fachkundigen Anleitung. Sie soll nicht belasten, aber regelmäßig durchgeführt werden; dann kann sie Beschwerden vorbeugen oder sie lindern. Bei Erkrankungem der Hüft- und Kniegelenke ist vor allem „Radfahren“ im Liegen auf dem Boden auf einer weichen Unterlage gut geeignet.

Gerade bei Erkrankungen der Wirbelsäule sollten Sie mindestens 2 x pro Woche schwimmen.

Warum Schwimmen und Laufen guttun

Beim Schwimmen werden die Gelenke der Beine und Hüften vom Gewicht des Körpers entlastet. Bewegungen im Wasser fallen daher viel leichter. Auch hier sollte aber eine Fachkraft beratend zur Seite stehen: Ein Bademeister, Krankengymnast oder Masseur sagt Ihnen, ob Brust- oder Rückenschwimmen für Sie besser ist und dergleichen.

Wenn Sie ein Lauftraining aufnehmen, beginnen Sie langsam, und versuchen Sie nicht etwa, an frühere

Höchstleistungen anzuknüpfen! Laufen Sie zunächst abwechselnd eine Minute und gehen dann eine Minute. Der Puls sollte dabei im Alter von 40 Jahren nicht über 140, im Alter von 60 Jahren nicht über 120 liegen - vorausgesetzt, Sie sind sonst gesund. Wenn Sie nicht mehr durch die Nase atmen können, hören Sie auf.

Lauftraining verbessert die Gelenkfunktion und ist durch Spaziergänge nicht zu ersetzen.

Als Frühsport sollte man so ein Lauftraining nicht anlegen, denn das würde den natürlichen, sanften Übergang vom Schlafrhythmus in den Wachrhythmus stören. Sie trainieren schließlich nicht für die Olympiade. Laufen Sie zunächst einmal vormittags und einmal nachmittags. Nach einer Woche können Sie eine Minute länger laufen; mehr als 30 Minuten sollten es aber nicht werden. Halten Sie das aber bei jedem Wetter durch.

Krankengymnastik und Massagen

Massagen gehören zu den ältesten Behandlungsmethoden überhaupt. Daher stammt auch das Wort „behandeln" (mit den Händen bearbeiten). Muskelmassagen und Bindegewebsmassagen in verschiedenen Abwandlungen müssen von Fachleuten durchgeführt werden und entspannen verhärtete und verkrampfte Körperpartien nachhaltig.

Bewegung fördert nicht nur die Funktion der Gelenke, sondern trainiert den ganzen Körper und härtet ihn im Kneippschen Sinne ab, d. h. beugt langfristig chronischen Schmerzen vor.

Die Krankengymnastik hat die Aufgabe, Muskeln zu kräftigen, die Ausdauer zu verbessern sowie die Beweglichkeit und die Geschicklichkeit zu steigern. Dadurch wird auch der Kräfteeinsatz ökonomischer: Sie lernen, sich unter Berücksichtigung Ihrer Krankheit richtig zu bewegen und Fehler zu vermeiden. Auch Bewegungsbäder bzw. Wassergymnastik in warmem Wasser (28-30 Grad) werden angewendet. In kaltem Wasser würden die Muskeln sich verspannen, statt zu entspannen. Massagen und Krankengymnastik verordnet der Arzt. Sprechen Sie darüber mit ihm; er wird Sie mit einem Rezept zu Fachleuten schicken.

Ihre Füße sind ein „Körperklavier“

Fußreflex-zonen-Massage

Viele Leute halten Fußreflexzonen-Massagen immer noch für eine Spinnerei. Sie hat aber Methode und beruht auf einer genauen Kenntnis der Nervenverbindungen im Körper.

Fußreflexzonen-Massage kann gute Erfolge vor allem bei Bandscheibenschäden bewirken, auch bei solchen, die schon zur Operation anstanden.

Nervenverbindungen laufen von überall her in den Füßen zusammen, die für Gleichgewicht und Bewegungssteuerung zuständig sind. Deshalb kann man, wenn man sich damit auskennt, von hier aus praktisch jeden Körperteil erreichen und wie auf Tastendruck bei einem Klavier an weit entfernten Stellen eine Reaktion hervorrufen. Ein Schema der zusammenhängenden Zonen finden Sie auf der gegenüberliegenden Seite.

Anna Z., 40 Jahre

Die Patientin kommt, gestützt auf zwei Verwandte, aus einer orthopädischen Universitätsklinik zu einem Masseur, der in Fußreflexzonen-Massage ausgebildet ist. Frau Z. hat, wie eine Computertomographie zeigt, einen Bandscheibenvorfall, aber die Klinik kann sich nicht zur Operation entscheiden. Schon nach der dritten Behandlung von jeweils einer halben Stunde hat Frau Z. wieder Gefühl im Fuß, obwohl sie vorher beim Aufstehen Hilfe brauchte und nachsehen mußte, ob ihr Fuß wirklich schon auf dem Boden stand. Nach der achten Behandlung traut sie sich sogar zu einem Tanzabend, obwohl die Ärzte schwere Bedenken haben – und bekommt keine Beschwerden. Sie ist schmerzfrei, kann ihre Hausarbeit tun und einkaufen gehen wie früher. Die Telefonnummer des Masseurs hat sie aber immer bei sich.

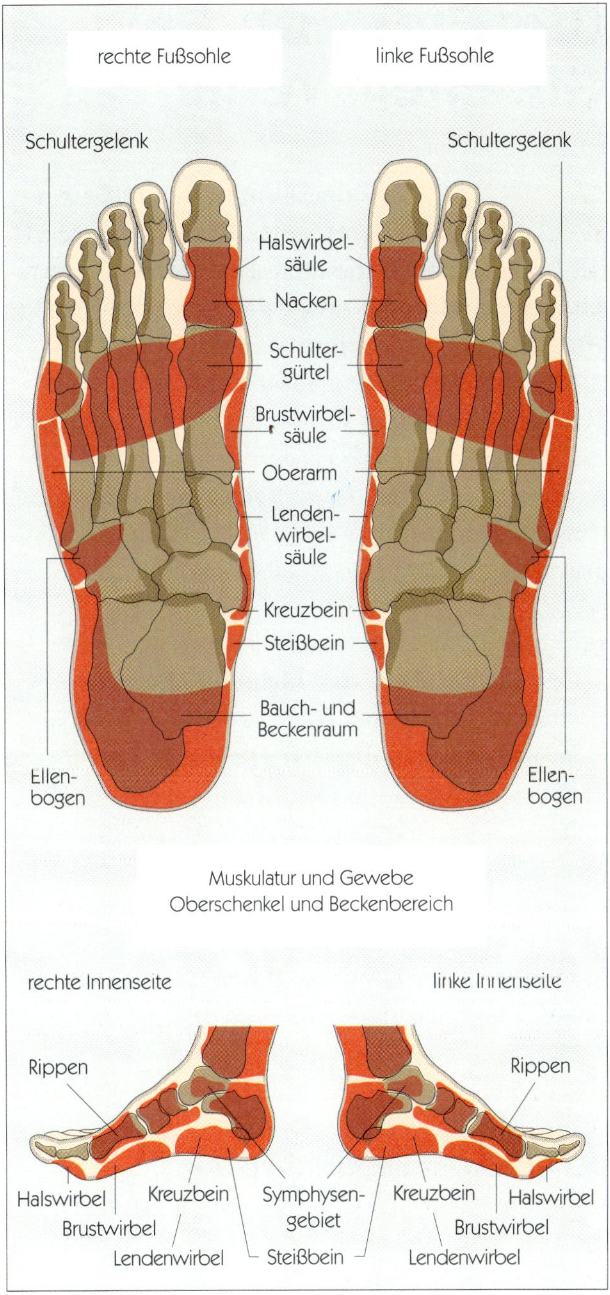

Eine vereinfachte und auf jeden Fall unschädliche Form kann man selbst ausführen. Dazu drückt man mit dem Daumen oder einem stumpfen, harten Gegenstand spürbar, aber nicht schmerzhaft auf die jeweilige Stelle (siehe Abbildung). Am besten sind kreisende Bewegungen, wobei der Druck rhythmisch stärker und schwächer wird. Dauer: 15–50 Minuten.

Die Fußreflexzonen-Massage beruht auf der Annahme, daß jedem inneren Organ eine bestimmte Zone im Bereich der Fußsohlen zugeordnet ist. Dabei wird der menschliche Körper in 10 senkrechte und 3 waagerechte Zonen eingeteilt, die sich an den Fußsohlen wiederfinden.

Gleiches mit Gleichem vergelten

Homöopathie

„Homöopathisch" heißt auf griechisch „dem Leiden ähnlich". Homöpathische Mittel werden nach dem Ähnlichkeitsprinzip ausgewählt, das heißt: Ein Wirkstoff, der in großen Mengen bestimmte Krankheits-Symptome verursacht, ist in sehr starker Verdünnung ein Medikament dagegen.

Naturheilmittel sollen im allgemeinen die Selbstheilungskräfte des Körpers anregen. Ihre Wirkung erkennt man an der Reaktion des Organismus.

Ein Beispiel für das Ähnlichkeitsprinzip:
Mit 20–30 g Glaubersalz (Natriumsulfat) kann man wäßrige und ziemlich schmerzlose Durchfälle erzeugen. In großer Verdünnung (1/1 000 000) wirkt es gegen eben diese Durchfälle, nicht aber gegen andere.

Schon $^1/_{100}$ g Quecksilberchlorid verursachen schmerzhafte, heftige, blutige Durchfälle mit dem Gefühl, nicht „fertig" zu sein. In einer Verdünnung von 1/1 000 000 heilt es die gleichen Durchfälle. Glaubersalz hätte aber keinen Erfolg.

Homöopathische Arzneimittel prüft man an gesunden Personen, denen man zunächst eine Scheinarznei (Placebo) gibt und dann das richtige Medikament. Die Wirkung wird unter den verschiedensten Bedingungen getestet.

Das Geheimnis der kleinen Dosis

Viele Schulmediziner bestreiten die Wirksamkeit homöopathischer Verdünnungen. Doch sind Verdünnungen von D 4 oder D 6 auch in der Schulmedizin häufig und D 3-Verdünnungen fast die Regel (vgl. Tabelle). Ist die erste Dosis zu hoch, kommt es zu einer „Erstverschlimmerung", die aber zeigt, daß der Körper auf das Medikament reagiert. Dann setzt man 1-2 Tage aus und nimmt die nächsthöhere Verdünnung. Für die Verdünnungen gibt es folgendes Schema:

Verdünnungen werden so hergestellt, daß man 1 Teil des Wirkstoffes auf 9 Teile der Trägersubstanz nimmt. Das ist dann die Verdünnung D 1.

Dezimalpotenz (D)	Centesimalpotenz (C)	Arzneigehalt
D 1 = 0	-	1/10
D 2	C 1	1/100
D 3	-	1/1000
D 4	C 2	1/10 000
D 5	-	1/100 000
D 6	C 3	1/1 000 000 usw.

Übliche homöopathische Arzneiformen

Ebenso wie in der Schulmedizin werden Tropfen, Pulverkapseln, Pulver, Tabletten, Spritzen, Salben und Zäpfchen gebraucht. Im allgemeinen nimmt man homöopathische Mittel mit Wasser ein, am besten eine halbe Stunde nach dem Essen. Besonders bei alkoholischen Lösungen nimmt der Körper aber das Medikament über die Zunge schneller und vollständiger auf als über den Magen. Es gibt Einzelmittel, die herauszufinden aber viel Zeit und Mühe macht. Laien und Ärzte, die wenig Zeit haben, nehmen besser homöopathische Komplexmittel: eine Zusammensetzung mehrerer Mittel, die sich an der Diagnose orientieren.

Ehemalige Alkoholiker dürfen natürlich keine homöopathischen Tropfen einnehmen, die in Alkohol gelöst sind, da sie sonst rückfällig werden könnten!

Schröpfen kann gesund sein

„Ausleitende Verfahren“

Früher glaubten die Menschen, Krankheiten seien von Dämonen verursacht, die im Körper festsäßen und denen man einen Ausweg bahnen müsse. Man hatte auch erkannt, daß Schmerzen vergehen, wenn sich Gifte z. B. aus Furunkeln und Abszessen entleeren.

Mit Einschränkungen gehören auch Hautreizmethoden wie ABC-Pflaster, Senfwickel oder Spiritus-Umschläge zu den ausleitenden Verfahren. Stärkere Durchblutung schwemmt Schadstoffe aus und löst Verkrampfungen.

Die Medizin hat große Fortschritte gebracht, aber auch manche Erfahrung über Bord geworfen, die nicht so einfach ins System paßt. Manchmal kann man beobachten, daß z. B. Asthma und ein Ekzem sich „gegenseitig ablösen“, oder ein Asthma verschwindet bei Durchfall und umgekehrt: Der Körper versucht, ein und denselben Schadstoff einmal über die Haut, dann wieder über die Bronchien oder den Darm auszuscheiden. Jedesmal treten andere Symptome auf, die nur scheinbar mit den vorherigen nichts zu tun haben. Da helfen oft ausleitende Verfahren, die aber nur ein erfahrener Arzt durchführen sollte:

- Aderlaß,
- Blutegelbehandlung,
- Schröpfen,
- Baunscheidt-Verfahren,
- Kantharidenpflaster.

Blutegel – die heilsamen Monsterchen

Wie der Aderlaß, so wanderte auch der Blutegel für lange Zeit in die Rumpelkammer des längst Überholten, bis man durch praktische Erfahrung wieder auf ihn aufmerksam wurde. Wenn man sich vor den Tierchen nicht ekelt, lohnt sich ein Versuch auf jeden Fall. Manchmal kommt es zu allergischen Reaktionen in Form von Juckreiz oder Schwellungen, aber meist nur an der Bißstelle. An schwülen, gewittrigen oder föhnigen Tagen beißen Blutegel nicht; auch Unruhe bei Arzt oder Patienten überträgt sich, und sie verweigern den Dienst. Feuchte, warme Haut fördert den Biß.

Bei vielen äußerlichen Anwendungen, die zu den ausleitenden Verfahren gehören, ist auf Allergien zu achten: Nicht jeder verträgt einen Senfwickel oder Blutegel.

Was man sich aus der Apotheke besorgt:

- ◇ Blutegel von 2–3 g, Anzahl nach Größe des Gebietes,
- ◇ 100 g Zellstoff,
- ◇ 2 Mullbinden, steriler Mull oder Leukoplast,
- ◇ Eisenchloridwatte oder Claudenwatte (teuer!),
- ◇ Hämostiletten zum Stechen (meist unnötig).

Bei Kniegelenksarthrose und akuten Muskelschmerzen, Hexenschuß und Nervenschmerzen setzt man die Egel mit einem Löffel aus einem Glas mit stubenwarmem Wasser auf die gereinigte Haut. Nach 15–20 Minuten haben sie sich vollgesaugt und fallen ab. Die Nachblutung dauert noch 6–10 Stunden; dabei entleeren sich pro Egel 40–50 ml Blut. Dauert sie länger, drückt man Eisenchlorid-Watte oder einen Höllenstein-Stift darauf. Nach 24 Stunden wechselt man den Verband.

Blutegel werden bei Arthrosen der Kniegelenke am besten an die druckempfindliche Innenseite der Beine gesetzt, was in vielen Fällen eine spontane Besserung bringt. Sonst kommt es darauf an, wo der Schmerzherd liegt. Die Tierchen sollen ja dort beißen und nicht anderswo hinkriechen. Daher ist beim erstenmal eine ärztliche Beratung zu empfehlen.

Schröpfen: niemals ohne Arzt!

Das Ansetzen von Schröpfköpfen erfordert viel Erfahrung und ist deshalb für Laien nicht geeignet. Man unterscheidet zwei Arten: das trockene (unblutige) und das blutige Schröpfen. Auch die folgenden Methoden gehören in die Hand eines erfahrenen Arztes, da sonst Komplikationen drohen.

Was ist das „Baunscheidt-Verfahren"?

Die Baunscheidt-Behandlung ist wohl das wirkungsvollste Ausleitungsverfahren, vorausgesetzt, daß eine genügend große Fläche behandelt wird. Am besten ist je ein Streifen von 4–6 cm Breite am Rücken rechts und links der Wirbelsäule, insgesamt 10 x 10 bis 20 x 20 cm. Dabei wird die Haut geritzt und anschließend ein sogenanntes Baunscheidt-Öl aufgetragen.

Was ist ein „Kantharidenpflaster"?

Manchmal kommt es bei Kantharidenpflastern zu geringen Harnblasenbeschwerden; die bekommt man aber mit bestimmten Medikamenten gut in den Griff.

In bestimmten Fällen kann der Arzt ein Rezept für das „Spezialpflaster Bock" ausstellen, das er am besten auch auflegt. Kantharidenpflaster haben die Eigenschaft, innerhalb von ca. 24 Stunden eine Blase zu ziehen. Diese Blase hebt nur die oberste Hautschicht ab, so daß nie eine Narbe entsteht. Für die Anwendung ist zu beachten, daß

1. keine Nierenstörung vorliegt,
2. das Pflaster nicht in der näheren Umgebung der Nieren aufgelegt wird und nicht in die Nähe von Schleimhäuten kommt (vor allem an den Augen), nicht in den Ellen- und Leistenbeugen und nicht an ernährungsgestörte Hautbezirke. Auch das Auflegen auf Krampfadergeschwüre oder wassersüchtige Stellen ist zu vermeiden. Nach dem Auflegen muß man sich gründlich die Hände waschen, um auch die geringste Menge Wirksubstanz zu beseitigen. Am besten legt man

Die Nieren liegen mit ihrer oberen Hälfte im Brustkorb und nicht, wie Laien oft meinen, in der Lendengegend.

das Pflaster morgens auf. Denn fast immer tritt ein Brennschmerz auf, der sonst die Nachtruhe stört.

Selbstverständlich muß die Haut vor dem Auflegen eines Pflasters gut mit Alkohol oder Kölnisch Wasser desinfiziert werden.

Nachbehandlung

Nach 24 Stunden wird das Pflaster vorsichtig entfernt, und man hat im allgemeinen eine große, schön gefüllte Hautblase vor sich. Diese läßt man besser geschlossen; man legt darüber einen Verband mit Vaseline an, der nach 4–5 Tagen abgenommen wird. Dann hat sich darunter schon eine zarte neue Hautschicht gebildet. Ist die Blase aufgegangen, schadet das jedoch nicht, und man behandelt ebenso.

An nicht bedeckten Stellen sollte man diese Behandlung vermeiden, da nach dem Verheilen der Blase 3–4 Monate lang eine bräunliche Verfärbung eintritt, die einem Sonnenbrand ähnlich sieht. Wenn sich der Arzt für das Pflaster entscheidet, kann es in vielen Fällen regelrechte Wunder wirken. Im großen und ganzen reicht eine Pflastergröße von 4 x 4 bis 8 x 8 cm aus, je nachdem, welche Stelle behandelt werden muß. Natürlich sollte das Pflaster so nah wie möglich am Krankheitsherd aufgelegt werden, aber da muß man manchmal Kompromisse machen (siehe oben).

Senfwickel

Senfwickel gehören zu den Hautreizmethoden, die durch eine stärkere Durchblutung der Haut auch für eine stärkere Durchblutung innerer Organe sorgen und so Giftstoffe ausschwemmen. Man kauft in der Drogerie Senfmehl von schwarzen oder gelben Senfsamen, verrührt 0,5 kg davon mit 1 l Wasser, das bis 45 Grad warm sein soll. In diesen Brei taucht man ein Leinentuch, das zunächst 5–10 Minuten, später auch 15–20 Minuten auf die schmerzende Stelle gelegt wird. Nach der Behandlung gut mit warmem Wasser abwaschen.

Heilende Nadelstiche

Akupunktur, Akupressur

Die Akupunktur (lateinisch: Nadelstiche) ist ein altes chinesisches Heilverfahren, das heute auch in Europa von vielen Ärzten und ausgebildeten Fachleuten angewendet wird. Ihr verwandt ist die Akupressur, eine Druckmassage.

Akupunktur heilt, was gestört ist, kann aber nicht helfen, wenn etwas bereits zerstört ist.

Zunächst von den Schulmedizinern belächelt, hat die Akupunktur neuerdings auch Eingang an den Universitäten gefunden. Sie kam vor 300 Jahren nach Europa, war aber fast nur in Frankreich bekannt. Erst seit 1950 fand sie auch Anhänger in Deutschland. Inzwischen beweisen auch wissenschaftliche Untersuchungen ihre Wirksamkeit. Bei der Akupressur werden bestimmte Punkte nur mit dem Finger oder mit einem stumpfen Gegenstand behandelt. Auch Laien können sie ausführen, aber nur bei sich selbst oder bei Familienangehörigen.

An dieser Stelle beschränken wir uns darauf, nur jene Akupressurpunkte zu beschreiben, die für die Behandlung rheumatischer Erkrankungen eine Rolle spielen. Es gibt auch ganz andere Krankheiten, bei denen man Akupressur anwenden kann, so beispielsweise Migräne und Kopfschmerzen.

Den richtigen Punkt finden

Wenn man selbst eine Behandlung mit Akupressur durchführt, ist streng darauf zu achten, daß man niemals das Auge oder das Augenlid massiert.

Damit die Massage Erfolg hat, müssen Sie den richtigen Punkt nach der Beschreibung auf der rechten Seite finden. Treffen Sie ihn nicht, haben Sie wenig Erfolg. Sie massieren mit der Kuppe des Daumens, des Zeige- oder Mittelfingers etwa eine Minute lang die betreffende Stelle. Dabei soll der Druck abwechselnd stärker und schwächer werden.

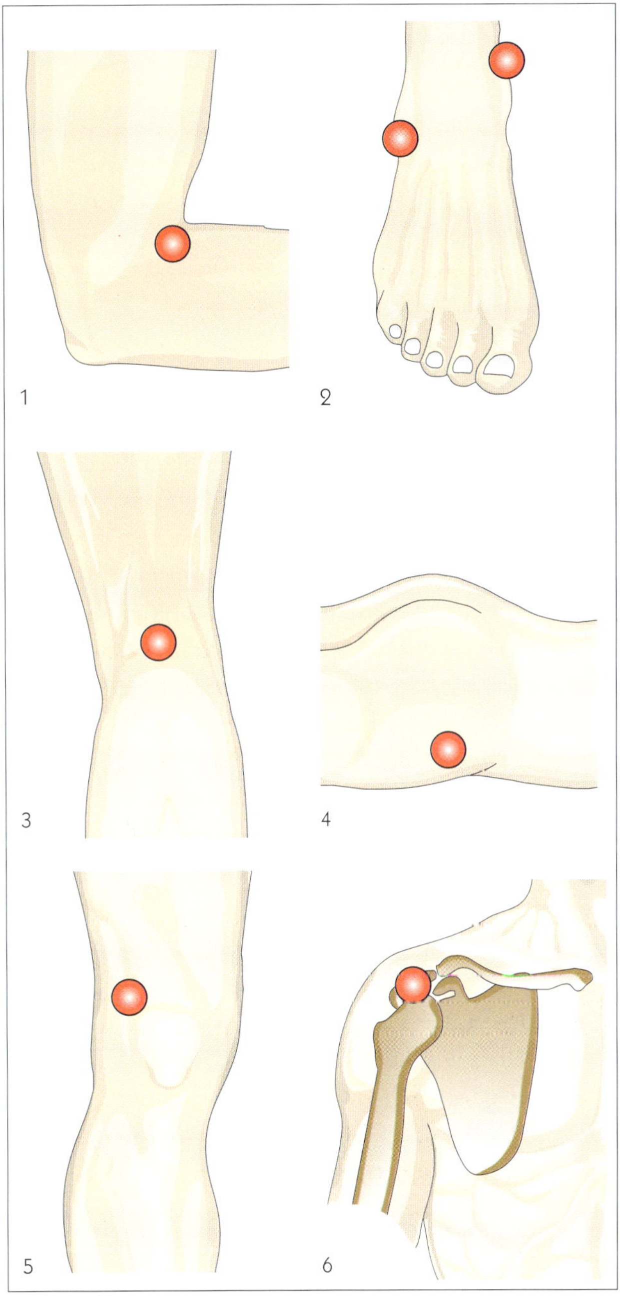

1. Ellenbogenschmerzen:
Den Arm anwinkeln, dann bildet sich eine Gelenkfalte, an deren äußerem Ende der Punkt liegt.

2. Fußschmerzen:
Der Punkt liegt an der Wurzel (Grundgelenk) der 2. Zehe.

3. Hexenschuß:
Gegen schmerzhafte Punkte in den Lendenmuskeln massiert man einen Punkt in der Mitte der Kniekehle.

4. Hüftschmerzen:
Auf die gesunde Seite legen, krankes Bein anwinkeln: Der Punkt liegt an der am weitesten vorspringenden Stelle oder etwas darunter bzw. darüber.

5. Knieschmerzen:
Der Punkt liegt 3 Fingerbreit über der Kniescheibe an der Außenseite.

6. Schulterschmerzen:
Den Arm waagerecht seitlich heben und Daumen abspreizen; dann fühlt man oben auf dem Gelenk eine Vertiefung: Dort liegt der Akupressur-Punkt.

Am besten geeignet dazu sind kleine Kreisbewegungen. Statt der Finger können Sie auch das stumpfe Ende eines Bleistiftes oder etwas Ähnliches nehmen. Oft sind die Akupressurpunkte deutlich druckempfindlicher als ihre Umgebung.

Ein spezielles Verfahren ist die Ohr-Akupunktur. Sie beruht auf altem chinesischem Wissen der Naturheilkunde und wurde erst nach dem Zweiten Weltkrieg von einem französischen Arzt wieder entdeckt.

Elektro-Akupunktur

Dieses Verfahren ist eine moderne Variante der Akupunktur. Sie ist sogar in der Lage – große Erfahrung vorausgesetzt –, das entsprechende Medikament zu testen oder auch Herde wie beispielsweise Mandeln oder Zähne, von denen ein krankhafter Reiz durch Entzündungen ausgehen kann, festzustellen. Danach ist natürlich die eigentliche Behandlung sehr viel genauer durchführbar. Dazu sollte man aber einen versierten Spezialisten für Elektro-Akupunktur aufsuchen.

Ein Elektro-Akupunkturgerät für Laien

Eine weitere, sehr vereinfachte Methode der Elektro-Akupunktur stellt das Verfahren mit dem „Gerät nach Waldemar“ dar. Dabei handelt es sich um ein einfaches batteriebetriebenes Gerät, das man auch als Patient selbst bedienen kann. Dazu gehört ein Spezialatlas, in dem 170 verschiedene Krankheiten abgehandelt sind. Die einzelnen Punkte werden für jedes Krankheitsbild graphisch dargestellt und ausführlich erläutert. Diese Anleitung macht das Gerät ausnahmsweise für Laien sehr geeignet, wenn sie mehr tun möchten, als nur ein einziges Krankheitsbild zu behandeln. Das Gerät mit dem dazugehörigen Atlas gibt es in Fachgeschäften für Medizintechnik.

Energie gegen Schmerzen?

Die chinesische Lehre von der Akupunktur nimmt an, daß die Lebensenergie symmetrisch in speziellen Bahnen durch den Körper fließt. Wenn dieser Energiestrom gestört ist, wird der Mensch krank. Heilung erreicht man, wenn die richtigen der 720 Akupunktur-Punkte gereizt werden und damit die Energieordnung wiederhergestellt wird. Spricht man anstatt von „Energie" von „Nervenverbindungen", bewegt man sich wieder auf dem Boden der Schulmedizin.

Nicht alle Krankenkassen bezahlen eine Behandlung mit Akupunktur. Man sollte daher unbedingt vorher nachfragen.

Vor allem gegen Schmerzen ist Akupunktur erfolgreich. Doch nicht jedem hilft sie, vor allem bei entzündeten Gelenken und überhaupt bei Entzündungen hilft sie nicht. Deshalb ist dort Vorsicht geboten. Als umfassende Rheumabehandlung kommt Akupunktur also nicht in Frage.

Das Neuland wird noch erforscht

Man vermutet, daß die schmerzstillende Wirkung der Akupunktur der Anregung der Produktion körpereigener schmerzstillender Substanzen im Gehirn zu verdanken ist. In diesem Zusammenhang machen auch die verschiedenen Akupunktur-Punkte Sinn, die an verschiedenen Nervenbahnen sitzen und dem Gehirn sagen, welche Region betroffen ist und welche Schmerzblockade dagegen hilft. An genaueren Erklärungen arbeitet die Wissenschaft noch. Aus diesem Grund bezahlen auch nicht alle Krankenkassen eine Behandlung mit Akupunktur. Wer sich dafür interessiert, sollte sich daher zuerst erkundigen. Manche Kassen zahlen auch schon die Behandlung, weil sich dadurch manchmal größere Kosten bei der konventionellen Behandlung vermeiden lassen. Ärzte, die sich für Naturheilkunde interessieren, können meistens einen oder mehrere Fachleute für Akupunktur in Ihrer Nähe nennen.

Grundsätzlich ist Akupunktur nichts für Selbstbehandlung und gehört in die Hände von Fachleuten. Im Zweifelsfall fragen Sie Ihren Arzt oder Apotheker.

Spritzen an die Nerven

Neuraltherapie **Die Neuraltherapie entdeckte Dr. Ferdinand Huneke um 1920 durch einen Irrtum: Er spritzte seiner Schwester wegen eines schweren Migräneanfalls das Schmerzmittel Procain in die Vene, obwohl es nur in Muskeln injiziert werden sollte. Trotzdem war die Frau sofort schmerzfrei.**

Das Medikament war durch die Blutbahn sehr rasch ins Gehirn gelangt und hatte den Kopfschmerz an Ort und Stelle ausgeschaltet. Diese Wirkungsweise führte zur Entwicklung einer Technik, bei der Schmerzmittel in die Umgebung von Nerven gespritzt werden, der Neuraltherapie.

Die Behandlung bietet mehrere Möglichkeiten: zum einen die Spritze direkt an die schmerzende Stelle, die Lokalanästhesie (lokale Betäubung). Dann bietet sich

Karin M., 55 Jahre

Seit sechs Jahren klagt sie über heftige Schmerzen hinter dem rechten Ohr, die ein- bis zweimal in der Woche auftreten und Zahnschmerzen ähneln. Hausarzt, Internisten, Orthopäden, Ohren- und Nervenärzte sowie eine Klinik bemühten sich vergebens; ihr wurde schon zu einer Psychotherapie geraten.

Dann kommt Frau M. zu einem Arzt, der schon Erfahrungen mit Neuraltherapie hat. Ihm fällt auf, daß dort, wo sie Schmerzen hat, kleine Narben von einer längst überstandenen Gürtelrose sind. Er spritzt kleine Quaddeln des Schmerzmittels IMPLETOL unter die Haut, und nach zwei Behandlungen ist Frau M. schmerzfrei.

die Suche eines Störfeldes an, das heißt einer chronischen Entzündung an Mandeln, Zähnen, Gallenblase, Vorsteherdrüse, Eileitern und so weiter. Dazu gehört auch die Suche nach Narben, auch wenn sie alt und noch so klein sind. In ganz seltenen Fällen kommt sogar die älteste Narbe des Körpers in Frage, der Bauchnabel. Wird ein solches Störfeld mit der Injektionsnadel getroffen, dann tritt oft das sogenannte „Sekunden-Phänomen“ ein: Die Schmerzen bessern sich schlagartig oder verschwinden sogar ganz.

Was ist eine „Segment-Therapie“?

Bei der Neuraltherapie bekommt der Patient vielleicht auch den Fachbegriff „Segment-Therapie“ zu hören. Der Begriff sagt nichts anderes, als daß eine bessere Durchblutung bestimmter Hautpartien angestrebt wird, die dann auf innere Organe übergreift, die in der Nähe liegen - ein Zusammenhang, der wissenschaftlich erwiesen ist. Man wendet dieses Verfahren zum Beispiel auch bei heißen Umschlägen an, etwa bei einer Entzündung der Gallenblase oder im Falle starker Magenschmerzen. Das heißt aber nicht etwa, daß die Wärme durch die Haut bis zu dem betroffenen inneren Organ dringt.

Vielmehr bewirkt die Wärme eine bessere Durchblutung bestimmter Hautbereiche (Segmente), und das führt auch zu einer besseren Durchblutung des zu diesem Hautsegment gehörenden inneren Organs, das damit durch zahlreiche Nerven verbunden ist. Dieser Zusammenhang ergibt sich aus der Entwicklungsgeschichte des Menschen und wurde erstmals von einem Engländer namens Henry Head (1861-1940) festgestellt. Daher heißen Zonen, in denen eine vermehrte Durchblutung der Haut auch eine stärkere Durchblutung innerer Organe herbeiführt, auch „Headsche Zonen“.

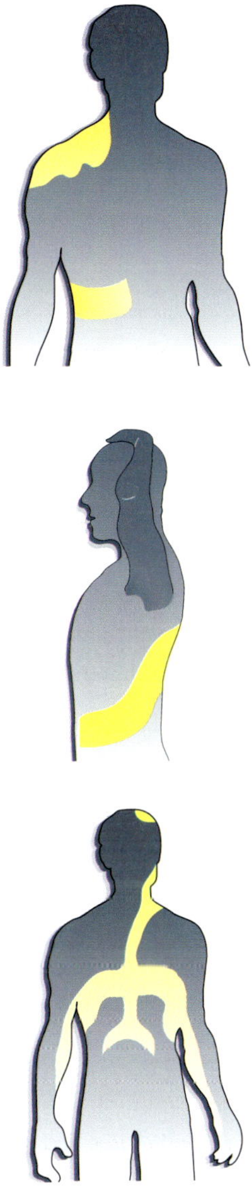

Headsche Zonen nach einem Gallensteinanfall (oben), bei entzündeter Bauchspeicheldrüse (Mitte), nach einem Herzanfall (unten).

Wenn Wirbelkörper verkantet sind

Chiropraktik **Die Chirotherapie ist erst seit dem Ende des Zweiten Weltkrieges in Deutschland zu Hause. Ärzte, die sie anwenden, nennen sich Chirotherapeuten oder „Chiropraktiker". Das Wort bedeutet auf griechisch „Handbehandlung" und meint das Einrenken der Wirbelsäule.**

Mit Chirotherapie lassen sich außer der Wirbelsäule selbst auch viele andere Krankheiten behandeln, die damit zu tun haben.

Wenn sich Wirbelkörper verkantet haben, kann man sich nur schlecht und unter großen Schmerzen bewegen. Es handelt sich um Schmerzen, die oft auch in Ruhestellung anhalten.

Oft werden auch Nerven dabei gereizt. Dann ist ein speziell ausgebildeter Arzt oder Chiropraktiker gefragt, der mit einer speziellen Methode verhakte Wirbelkörper wieder voneinander lösen kann.

Mit diesem Verfahren lassen sich auch Krankheiten behandeln, die auf eine Störung der Wirbelsäule zurückgehen, seien es nun Schmerzen in den Gliedmaßen, am Rücken oder Kopfschmerzen.

Wichtig: die Untersuchung vorher

Vor der eigentlichen Behandlung führt der Arzt zunächst einmal eine gründliche Untersuchung der Lage bzw. Stellung der einzelnen Wirbelkörper zueinander durch.

Das Einrenken selbst ist eine Sache von Sekundenbruchteilen, aber nur ausgebildete Fachleute treffen die richtigen Vorbereitungen.

Dazu gehört in der Regel auch eine aktuelle Röntgenaufnahme. Es muß nämlich ausgeschlossen werden, daß es sich um eine ernste Erkrankung handelt wie zum Beispiel eine Knochenentzündung oder Krebs.

Denn machmal sind die Symptome in solchen Fällen ähnlich.

Wer ist bei Bandscheiben zuständig?

Bandscheibenvorfälle gehören nicht in die Hand des Chirotherapeuten, sondern zum Orthopäden oder Neurochirurgen, wenn verschiedene physikalische und medikamentöse Behandlung erfolglos geblieben sind. Bei der Chirotherapie werden durch die Hebelwirkung beim Einrenken Kräfte von bis zu 600 Kilogramm freigesetzt. Man kann also durch einen falschen Ansatz auch viel kaputtmachen. Hören Sie sich deshalb um, ob Sie auch von einem Arzt mit entsprechender Ausbildung betreut werden.

Zu den chiropraktischen Behandlungsmethoden gehört auch das „Hängen" am Kopf oder an den Füßen. Dabei zieht das eigene Körpergewicht des Patienten in einer Spezialvorrichtung die Wirbelsäule auseinander.

Maria P., 48 Jahre

Frau P. litt seit etlichen Monaten unter schweren Ischiasschmerzen und konnte sich kaum noch bewegen. Der Hausarzt hatte ihr bereits Spritzen und Tabletten gegeben, doch nichts half. Sie wandte sich hilfesuchend an eine Klinik; dort wurden zahlreiche Untersuchungen mit ihr angestellt, und sie bekam andere Tabletten und andere Spritzen. Als auch die nichts ausrichteten, nahm man Frau P. zur stationären Behandlung auf – ohne durchgreifenden Erfolg. Schließlich bat sie um die Entlassung und versprach, alle 14 Tage zu einer Überprüfung wiederzukommen. Eines Tages kam sie in die Sprechstunde und strahlte: „Herr Doktor, stellen Sie sich vor, mein Ischias ist weg!" Sie hatte versucht, zu Hause die Fenster zu putzen. Dabei war sie auf ein Schemelchen geklettert. Das kippte um, und – Glück im Unglück – sie verletzte sich nicht. Statt dessen gab es einen kurzen schmerzlosen Knacks im unteren Teil ihres Rückens, und ihre Schmerzen waren schlagartig verschwunden. Maria P. hatte eine unfreiwillige chiropraktische Erfahrung gemacht, ein Mittel, auf das die Ärzte nicht gekommen waren und das sie auch gezielt hätten einsetzen können.

Über die Behandlung mit Bazillen

Enderlein-Therapie

Diese Behandlungsmethode ist für Schulmediziner besonders schwer nachzuvollziehen. Professor Dr. Enderlein (1872–1968) hat die Theorie aufgestellt, daß manche Viren, Bakterien, Pilze und Hefen nicht als immer gleichbleibende Lebewesen zu betrachten sind, sondern von einem „gesunden" in ein „krankes" Stadium übergehen können.

In der Volksmedizin wurden seit langem, ohne daß man um die Existenz des Bacillus subtilis als Wirkstoffträger wußte, Teeaufgüsse aus Heu, von Kuh-Exkrementen oder von Torfmull verwendet. So benutzen Bauern in vielen Ländern einen Sud aus Heu zur Heilung von Darmkrankheiten bei Rindern. Die Wirkung dieser Bazillenpräparate ist, daß Entzündungen und Schmerzen verschwinden.

Greta L., 60 Jahre

Die Patientin leidet an beidseitigen verschleißbedingten Veränderungen der Kniegelenke. Sie kann nur noch mühsam und unter großen Schmerzen am Stock gehen und ist außerstande, sich zu bücken. Ihre Knie sind geschwollen, alles deutet auf eine Entzündung hin, der aber nicht beizukommen ist. Weil keine konservative Behandlung Erfolg hatte, wird eine Operation erwogen. Da gibt der Arzt Utilin S in der Variante „Articulatio genus D 12 (Wala)" in wöchentlichem Wechsel als Spritze in den Muskel. Nach 10 Tagen lassen die Schmerzen nach, und nach etwa 4 Wochen kann Frau L. wieder ohne ihren Stock gehen.

Nach Auffassung von Professor Enderlein lebt im Körper von Wirbeltieren, also auch im menschlichen Körper, seit Urzeiten ein Symbiont (Schmarotzer) pflanzlichen Ursprungs. Er hat die Entwicklungsstufe als Bazillus (mucor racemosus = Heubazillus) bezeichnet.

In der Not ist jedes Mittel recht

Bereits in der Einleitung zu diesem Buch wurde darauf hingewiesen, daß jedes Mittel recht ist, wenn es nur Erfolg hat. Es ist hier nicht der Ort, einer endgültigen wissenschaftlichen Bewertung der Therapie nach Enderlein vorzugreifen; doch Dr. Erich Kienholz schwört auf sehr gute Erfolge bei den unterschiedlichsten Krankheiten, darunter Venenentzündung, der Herzkrankheit Angina pectoris und verschiedenen Rheumaformen. Und auf Tatsachen kommt es ja schließlich an.

Spritzen mit Heubazillus-Präparaten darf nur der Arzt verabreichen!

Da bei der Behandlung von Tieren, besonders bei Pferden und Kühen, von Tierärzten ausgezeichnete Wirkungen bei Krankheiten gesehen wurden, die sonst schwer zu behandeln sind, kann man ausschließen, daß die Heilerfolge psychische Ursachen haben.

Welche Mittel kommen hier in Frage?

Von den Medikamenten mit dem Heubazillus kommen für den Laien nur die zum Einnehmen in Betracht. Es gibt zwar auch Spritzen, aber die sollte wirklich nur ein Arzt geben. Für Patienten, die Angst vor Injektionen haben, sind Kapseln zu empfehlen. Bei Rheuma werden mit Abstand am häufigsten folgende Medikamente angewendet:

- Mucokehl
- Utilin
- Utilin S
- Latensin
- Notakehl.

Schlangengift zur Heilung?

Enzymtherapie

Alle Enzyme sind Eiweißkörper, die bestimmte Reaktionen im Körper beschleunigen oder erst ermöglichen. Man kann sie aus Pflanzen (z. B. Ananas) gewinnen oder von Tieren (z. B. Schlangen). Ihr Geheimnis: Sie sind in der Lage, den Immunkomplex zu spalten, wenn er zum „Rheumafaktor" wird.

Enzyme können rheumaauslösende Immunkomplexe abbauen und verhindern, daß sich neue bilden.

Manche Enzyme stellt der menschliche Körper auch selbst her. Es war bereits die Rede davon, daß unser Immunkomplex eine körpereigene Abwehr oder Schutzpolizei gegen Krankheitserreger ist. Wenn dieser Immunkomplex Moleküle bildet, die sich nicht mehr mit körpereigenen Mitteln spalten lassen und deshalb zu Entzündungen führen, können Enzyme das gestörte Gleichgewicht des Immunsystems wiederherstellen. Das hilft ebenso gegen entzündliche wie verschleißbedingte Rheumaformen. Nur bei Schwangerschaft und bei der Neigung zu Blutungen dürfen keine Enzyme eingesetzt werden.

Einige Enzympräparate

Wer schwanger ist und zu Blutungen neigt, darf keine Enzyme einnehmen!

Nebenwirkungen gibt es dabei praktisch nicht, und Enzyme können mit beinahe allen übrigen Medikamenten kombiniert werden. Sie wirken jedoch nicht sofort schmerzlindernd, so daß man zusätzliche herkömmliche Schmerzmittel wie Aspirin verabreichen muß. Besonders gute Erfahrungen hat man mit folgenden Präparaten gemacht:

- CARZODELAN FORTE (tierischen Ursprungs)
- TRYPTOFERM (tierischen Ursprungs)
- WOBENZYM (tierischen Ursprungs, speziell bei Rheuma)
- MULSAL (tierischen Ursprungs)
- BROMELAIN 200 (pflanzlichen Ursprungs)

Keine Angst vor Schlangengift!

Schlangengifte sind Spitzenprodukte der Natur; in manchen sind 40–50 verschiedene Enzyme nachweisbar. Zu Gift werden sie erst in einer hohen Konzentration, in der Verdünnung als Medikament sind sie dagegen sehr heilsam.

Wie gesagt ist auch eine Kombination von Enzymen mit anderen Mitteln möglich. Bis zu einer deutlichen Besserung der Beschwerden vergehen 2–3 Monate. Während dieser Zeit muß man nicht-kortisonhaltige Rheuma-Medikamente gegen die Schmerzen und zur Bekämpfung von Entzündungen zusätzlich geben. So eine Therapie kann also ins Geld gehen. Aber an den Schmerzen gemessen, die man dadurch los wird, ist der Aufwand meistens vertretbar. Bei einer Behandlung von 4–6 Monaten, einer z. B. für rheumatoide Arthritis kurzen Zeitspanne, rechnet man immerhin mit einem Behandlungserfolg von 65 Prozent!

Enzyme haben kaum Nebenwirkungen. Nur bei Schlangengiften kann es zu Juckreiz an der Einspritzstelle kommen.

Heinz K., 49 Jahre

Herr K. leidet seit Jahren unter wandernden Gelenkschmerzen. Lange Zeit nahm er zum Teil kortisonhaltige Medikamente, die er nun wegen eines Magengeschwürs nicht mehr nehmen kann, denn Kortison unterdrückt die Blutgerinnung. Als er Spritzen mit „Ammodytes-Reintoxin“ und Tropfen zusammen mit „HORVI-Antirheumaticum“ bekommt, tritt eine schnelle Besserung ein. Nach einigen Monaten ist er völlig beschwerdefrei.

Andere Naturheilverfahren

Außenseitermethoden

Mehr als die Hälfte aller Rheuma-Patienten versuchen es irgendwann einmal mit alternativen Behandlungsmethoden. Einige wurden schon vorgestellt. Hier noch einige Informationen über Außenseitermethoden, die viel diskutiert werden.

Wenn Sie sich für alternative Heilmethoden interessieren, achten Sie bitte darauf, daß sie nicht zu teuer sind. Bevor Sie etwas kaufen oder eine Behandlung beginnen, sprechen Sie vorher mit Ihrer Krankenkasse, Ihrem Arzt und Ihrem Apotheker – vor allem dann, wenn die neue Methode bedeuten würde, eine laufende Behandlung abzubrechen.

Mit Magnet-Therapie wurden schon gute Erfolge erzielt

Magnetpflaster darf man ruhig einmal testen. Dabei kann man nichts falsch machen, und allzu teuer sind sie auch nicht.

Hier soll nicht die Rede von großen Magnetfeldgeräten sein, sondern von preiswerten kleinen Magneten. Es handelt sich um

- Wechselmagnetfolie oder
- kleine Magnetpflaster.

Man klebt sie auf die schmerzende Stelle und läßt sie bis zu 8 Tagen dort. Man kann sie auch mehrmals verwenden. Vor dem Aufkleben muß die Haut gründlich gereinigt werden. Duschen mit dem Pflaster ist möglich, bei Wannenbädern löst es sich meist. In vielen Fällen erwärmt sich der Bezirk um das Pflaster. Aber auch sonst gehen Muskelverspannungen, Durchblutungsstörungen, Schmerzen und Schwellungen meistens zurück. Magnetfelder haben schon auffallend oft bei schweren Verschleißerscheinungen der Wirbelsäule und sogar bei Bandscheibenvorfall geholfen.

Die Anwendung ist bei den genannten Spezialpflastern in der Regel so klar beschrieben, daß Sie damit keinerlei Schwierigkeiten haben werden. Nebenwirkungen gibt es nicht; auch Medikamente können Sie weiter einnehmen.

Misteltherapie

Bei dieser Therapie wird ein homöopathisch verdünnter Auszug (Extrakt) aus der Mistel in die Haut gespritzt. Das ruft eine örtliche Entzündung hervor, die dazu führt, daß benachbarte Gelenke wesentlich besser durchblutet werden.

Eine Misteltherapie muß von einem Arzt durchgeführt werden, der damit Erfahrung hat.

Der Extrakt wird in verschiedener Stärke in zeitlich bestimmten Abständen als Quaddeln um das erkrankte Gelenk herum gespritzt und bringt oft für lange Zeit Schmerzfreiheit. Am besten wirkt er bei Arthrosen der Kniegelenke und an den Füßen sowie bei Verschleißerscheinungen der Wirbelsäule, weniger gut bei den Hüftgelenken. Recht gute Erfolgsaussichten mit einer Misteltherapie bestehen auch bei Kopfschmerzen, die von der Wirbelsäule ausgehen, bei Schultergelenks- und Kreuzbeinarthrosen, Hexenschuß und der Bechterew-Krankheit.

Thymus-Therapie

Der Thymus spielt nicht nur eine wichtige Rolle bei der Immunabwehr des Körpers, sondern auch beim Stoffwechsel der Knochen. Bei der Thymus-Therapie, die nur ein Arzt durchführen darf, wird ein Extrakt des Thymus gespritzt, um Entzündungen durch ein entgleistes Immunsystem zu bekämpfen.

Die Thymusdrüse, die im Erwachsenenalter zurückgebildet wird, liegt hinter dem Brustbein und hat eine wichtige Funktion im Hormonhaushalt des Körpers.

Zur Diskussion über die „Frischzellen-Therapie"

Regenerations- oder Frischzellentherapien sind fast durchweg verboten, weil sie Nebenwirkungen haben oder ihre Wirkung nicht erwiesen ist. Außerdem kosten sie viel Geld.

Hier ist die Wiederherstellung von gesunden Strukturen und normaler, schmerzfreier Bewegungsfähigkeit durch die Gabe von tierischen Zellen oder deren Inhalt gemeint. Die Behandlung mit solchen Frischzellenpräparaten ist derzeit bis auf wenige Ausnahmen verboten – weil sie teuer sind, weil gefährliche Nebenwirkungen geltend gemacht werden oder weil die Wirkung nicht wissenschaftlich bewiesen ist. Manchmal kommen auch mehrere dieser Gründe zusammen.

Befürworter einer solchen Therapie sind Ärzte, die dabei schon gute Ergebnisse gesehen haben, während weniger praxisorientierte Mediziner ihr aufgrund rein theoretischer Überlegungen jede Wirksamkeit absprechen. Patienten und vorurteilsfreie Ärzte konnten sich aber in der Praxis immer wieder von erstaunlich guten Wirkungen überzeugen, auch bei Fällen, wo keine andere Behandlung fruchtete. Es mag von Fall zu Fall an der Begründung für solche Erfolge mangeln, aber Verbote richten wenig gegen Schmerzen aus – und die Hoffnung, davon befreit zu werden.

Auf jeden Fall, auch wenn eine Anwendung nicht untersagt ist, muß ein Arzt die Therapie durchführen. Meist wird sie ohnehin schweren und sonst aussichtslosen Fällen von rheumatoider Arthritis vorbehalten sein.

Vitamine gegen Rheuma?

Wunder gibt es immer wieder, auch in der Schulmedizin; nur wird da keine (meistens auch teuere) Sensation daraus gemacht.

Vitamin E soll angeblich Stoffe, die den Gelenkverschleiß beschleunigen, neutralisieren. Bewiesen ist das noch nicht. Über die komplizierte Chemie der Vitamine im Stoffwechsel des menschlichen Körpers weiß man einfach noch nicht genug, um sichere Aussagen machen zu können. Außerdem können große Mengen Vitamin E, die dann nötig wären, Muskelschwäche und eine schlechte Blutgerinnung verursachen.

Muschelextrakt wirkt wie Spinat

Ein Extrakt der grünlippigen Neuseelandmuschel wirkt in hoher Dosierung bei Ratten entzündungshemmend. Bei Menschen hat er ungefähr die gleiche Wirkung wie Spinat: Als Medikament ist das Gemüse wirkungslos, aber harmlos.

Spektakuläre Heilerfolge stellen sich oft als kurzfristige Besserung heraus. Wer sich einen eigenen Eindruck verschaffen will, spricht am besten mit jemandem, der eine alternative Heilmethode wirklich selbst ausprobiert hat.

Eigenblut – zumindest umstritten

Injektionen des eigenen Blutes lösen durch den Zerfall von Blutzellen Fieber und eine Abwehrreaktion des Immunsystems aus. Was daran heilsam ist, bleibt bisher unbewiesen. Es gibt wohl bessere Heilmethoden. Denn die Fälle, in denen Patienten durch Eigenblut-Injektionen erst krank wurden, sind mindestens ebenso häufig, vor allem bei Rheuma.

Sauerstoff-Therapie verbessert höchstens das Allgemeinbefinden

Dabei atmet man mit Masken eine mit Sauerstoff angereicherte Luft. Das wirkt wie ein ausgedehnter Spaziergang im Grünen und soll den erhöhten Sauerstoff-Verbrauch entzündeter Zellen ausgleichen. Mit Rheuma hat das aber nach bisherigem Stand der Erkenntnis nicht viel zu tun. Wo sich dadurch das Allgemeinbefinden verbessert, können natürlich auch chronische Entzündungen zurückgehen. Damit entfällt immerhin eine Rheuma-Ursache.

Laser-Therapie

Laserstrahlen sind sehr energiereich und werden daher in vielen Bereichen der Medizin wirksam und sinnvoll eingesetzt. Auf Gelenke aber hat Laserstrahlung keine besondere Wirkung. Die Laser-Akupunktur ist lediglich eine technische Variante, die aber auch nicht mehr ausrichtet als die anderen Akupunktur-Methoden.

Rheumatische Erkrankungen sind von Fall zu Fall anders. Was dem einen hilft, bekommt wieder anderen Patienten überhaupt nicht. „Tips" sind daher mit Vorsicht zu genießen.

Was kann ich selbst tun?

Das Hauptziel dieses Buches ist, daß Sie als aufgeklärter und gut informierter Patient wirklich alle Möglichkeiten nutzen, Ihr Rheuma in den Griff zu bekommen. Sie dürfen auf rasche und dauerhafte Besserung hoffen, wenn Sie die Ratschläge Ihres Arztes befolgen. Dieses Kapitel aber soll Ihnen vor allem helfen, selbst aktiv zu werden und zu handeln. Dazu gehört die angemessene Vorbeugung, damit es gar nicht so schlimm kommt, wie es kommen könnte. Dazu gehört aber auch, daß Sie Ihre Ernährung umstellen. Dafür bieten wir Ihnen mehrere Kuren an. Außerdem finden Sie hier wichtige Hinweise für Gymnastik und den Umgang mit Bädern, Wickeln und Packungen.

Vom Umgang mit Schmerzen

Schmerzbrevier

Sie müssen lernen, mit einer chronischen Krankheit zu leben, und das heißt auch: mit Schmerzen, die immer wiederkommen können und vielleicht niemals mehr ganz verschwinden. Aber auch im schlimmsten Fall ist Linderung möglich. Wenn Sie Ihre Krankheit annehmen, haben Sie den ersten Schritt dazu getan.

Die Rheuma-Liga vermittelt Selbsthilfegruppen, Schmerzseminare und Fachleute, mit denen Schmerzpatienten ihre psychologischen und sozialen Probleme besprechen können.

Viele Patienten weigern sich innerlich, ein Leben lang krank zu sein. Diese Trotzreaktion hilft aber nicht weiter. Mit der Krankheit leben zu müssen, heißt nämlich noch lange nicht, sich einfach damit abzufinden. Sie können immer eine Menge tun, damit es Ihnen besser geht. Dann kommt auch die Freude am Leben wieder.

Eine Strategie gegen den Schmerz

Chronische Schmerzen kann man auch mit Tabletten oder Spritzen nicht einfach abstellen. Strategien zu ihrer Bewältigung zielen daher auch mehr auf die Schmerz-Wahrnehmung. Dabei stellen Sie zum Beispiel fest, wann Schmerz eine akute Gefahr meldet oder Sie tatsächlich an etwas wichtigem hindert, und in allen übrigen Fällen dürfen Sie innerlich „Entwarnung" geben. Vor allem in schweren Krisen können Sie fachliche Hilfe in Anspruch nehmen.

Nicht alle Schmerzprobleme lassen sich mit Tabletten lösen; vor allem bei chronischen Schmerzen besteht die Gefahr, daß Medikamente ihre Wirkung verlieren oder gefährliche Nebenwirkungen auftreten (Sucht!).

Schmerzseminare

Geschulte Psychologen und Mediziner haben Seminare zur Schmerzbewältigung entwickelt. Da bekommen

Patienten, die ihre Schmerzen nicht mehr aushalten, in Kursen von 10–15 Stunden wertvolle Unterstützung bei der nicht immer leichten Aufgabe, eine persönliche Strategie zum erfolgreichen Kampf gegen den Schmerz zu entwickeln.

Entspannungstraining ist zunächst ein Programm, das man unter der Aufsicht von geschulten Fachleuten durchführen sollte. Nach einem Kurs kann man auch zu Hause mit Tonkassetten und anderen Hilfsmitteln weiter daran arbeiten.

Autogenes Training

Zur psychologischen Schmerzbewältigung gehören Atemübungen, Konzentrationsübungen und autogenes Training. Das ist eine Art Selbsthypnose mit dem Ziel, Leib und Seele zu entspannen. Diese Trainingsmethoden können hilfreich sein, gehören aber in die Hände von Fachleuten.

Hilfe durch Familie und Freunde

Krankheit verändert die Menschen. Oft kommt aus der nächsten Umgebung Unverständnis, das sich in Sätzen äußert wie „Reiß dich zusammen" oder „Sei doch nicht so wehleidig". Das hilft aber niemandem. Sprechen Sie mit Ihren Freunden und Angehörigen offen über Ihre chronischen Schmerzen, und bauen Sie darauf, daß das gemeinsame Wissen auch Verständnis und Trost bringt. Je zuversichtlicher Sie dabei sind, desto sicherer ist der Erfolg.

Niemand ist „schuld"!

Die Psyche des Menschen ist Teil seines Immunsystems, d. h., sie beteiligt sich an der Abwehr von Krankheiten. Über die Hälfte aller chronischen Rheumatiker glauben anscheinend immer noch, daß irgend jemand oder irgend etwas an ihrer Krankheit schuld ist. Das ist falsch. Am allerwenigsten darf man sich selbst die Schuld an der Krankheit geben; das schürt nur Ängste und Depressionen, wo Mut und Entschlossenheit angebracht sind.

Chemische Signale aus dem Gehirn, das durch negative oder positive Stimmungen aktiviert wird, können über den Hormonhaushalt das Immunsystem und dadurch auch Krankheiten beeinflussen: Die Seele kann dem Körper durchaus helfen.

Vorbeugen ist besser als Heilen

Vorbeugung

Wenn Sie aus einer Rheumatikerfamilie stammen, erste Anzeichen von Rheuma verspüren oder gerade von einer rheumatischen Erkrankung genesen sind, wird es Zeit für vorbeugende Maßnahmen. Sie können sich dadurch viele Schmerzen ersparen.

Um frühzeitigen Verschleiß vor allem an großen Gelenken und an der Wirbelsäule zu vermeiden, müssen Übergewichtige abnehmen, aber nicht im „Hauruck-Verfahren", sondern langsam und stetig.

Hier finden Sie einige wesentliche Ergänzungen zu dem Kapitel „Gefahr erkannt - Gefahr gebannt" (ab S. 42). Vielleicht die wichtigsten fallen unter das Stichwort „Ernährung", auch wenn es stimmt, daß es keine ausgesprochene Rheuma-Diät gibt. Jede Diät ist eine Mangelernährung, und das wäre ungesund.

Warum Übergewicht so gefährlich ist

Übergewicht belastet Skelett, Sehnen und Muskeln zusätzlich. Oft müssen Rheumatiker daher zunächst abnehmen. Dazu mehr ab S. 90. Zur Orientierung die tägliche Normalration eines Erwachsenen, der 65 kg wiegt und keine schwere körperliche Arbeit leisten muß:

400 g	Kohlenhydrate	=	ca.	1600 kcal (Kalorien)
100 g	Eiweiß	=	ca.	400 kcal
70 g	Fett	=	ca.	630 kcal
	zusammen	=		2630 kcal

Wer fürchtet, daß er bei veränderten Eß- und Trinkgewohnheiten nicht genug Vitamine bekommt, sollte seinen Apotheker nach einem geeigneten Multivitaminpräparat fragen.

1000 kcal verbraucht man schon in völliger Ruhe zur Aufrechterhaltung der Lebensvorgänge. Nur etwa 900 kcal, also grob 100 kcal pro Stunde, braucht man für normale Tätigkeiten wie Verdauung und normale

Muskelätigkeit. Bei schwerer Arbeit kommen 50-200 kcal hinzu. Um ein Kilogramm zu- oder abzunehmen, sind 6000 kcal nötig. Für den Kalorienverbrauch zur Selbstkontrolle läßt sich folgende Tabelle aufstellen:

Diese Aufstellung zeigt, wie wenig man allein durch körperliche Tätigkeiten abnimmt.

Tätigkeit	kcal/Minute	kcal/Stunde
Gehen:		
- Ebene Fläche	3,1	186
- Treppauf	8,3	498
- Treppab	3,0	180
Hausarbeiten:		
- Betten machen	4,1	246
- Geschirrspülen	2,6	156
- Fenster putzen	3,3	198
- Wäsche aufhängen	5,0	300
Gartenarbeit:		
- Unkraut jäten	1,5-2,1	90-120
- Erdbeeren pflücken	3,4	204
Sport:		
- Laufen (Ebene)	10	600
- Gymnastik	5	300
- Ski laufen	8,7-14	522-900
- Schwimmen	4,5-10	270-600
- Tanzen	5,0	300
- Radfahren	3,0-8,0	180-480

Stöckelschuhe oder elegante Pumps schmeicheln zwar der Eitelkeit, sind aber für Rheumatiker überhaupt nicht gut. Sie sollten Schuhe mit flachen Absätzen tragen.

falsch

richtig

Die richtige Kleidung

Jeder weiß, daß bestimmte Witterungseinflüsse vermehrt zu rheumatischen Beschwerden führen können. Die Kleidung soll vor Wind, Regen, Kälte und zuviel Wärme schützen, aber auch luftdurchlässig sein. Dann leitet sie bei Anstrengung entstehende Überwärme gut ab und gewährleistet, daß Schweiß verdunsten kann.

Schuhe müssen „atmen" können und genau passen. Die Absätze dürfen nicht zu hoch sein, damit es nicht zu Hühneraugen und Hohlkreuz mit Rücken- und Wadenschmerzen kommt. Das ist vor allem für Damen wichtig.

Abhärtung

Durch „Segnungen" unserer Zivilisation wie Auto fahren und Zentralheizung ist unser Körper verweichlicht und reagiert empfindlich auf Nässe, Kälte und Zugluft. Man erhöht die Widerstandskraft des Organismus, wenn man die Haut trocken bürstet, sich kalt wäscht oder (wenn man es verträgt) eine warme Dusche kalt abschließt.

Arbeit

Weichteilrheuma und Verschleiß der Gelenke und der Wirbelsäule sind oft die Folge von Haltungsfehlern oder Überlastung. Das gilt vor allem dann, wenn der Beruf eine einseitige Haltung erfordert oder wenn der nötige Rhythmus zwischen Belastung und Ruhe nicht eingehalten wird. Nicht nur Schwerarbeiter sind davon betroffen, sondern noch mehr Leute, die leichte Arbeit verrichten, dann aber plötzlich ungewohnt schwere Arbeit in Haus und Garten tun.

Beim Heben schwerer Gegenstände soll man die Wirbelsäule möglichst gestreckt lassen, die Knie beugen und das Gewicht nah an den Körper bringen. Beim Tragen von Einkaufstaschen beispielsweise ist darauf zu achten, daß man beide Seiten gleich belastet.

Wer eine sitzende Tätigkeit ausübt, muß seine Wirbelsäule dabei möglichst geradehalten und öfter Lockerungsübungen machen. In diesem Zusammenhang ist wichtig, daß der Tisch bis wenige Zentimeter unter die Ellenbogen reicht. Die optimale Höhe des Arbeitstisches liegt für Frauen je nach Körpergröße zwischen 70 bis 74, für Männer zwischen 74 und 78 cm. Schreibmaschinentische sollen 5-10 cm niedriger sein, weil man da die Höhe der Tastatur noch hinzurechnen muß, die als Auflage für die Hände dient. Bildschirme sollen so stehen, daß man leicht darauf herunterschaut. Entspanntes Sitzen wird auch durch eine Halterung für Schreibunterlagen zwischen Bildschirm und Tastatur gefördert.

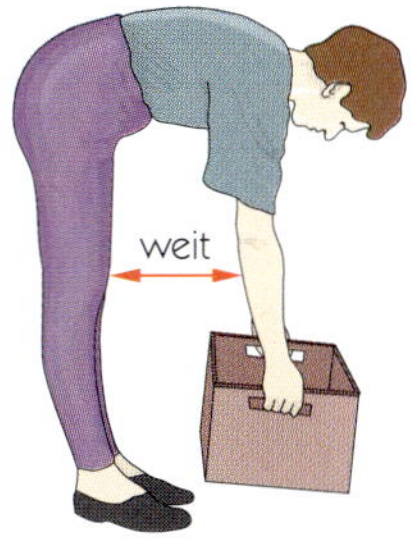

falsch

richtig

Wie man sich bettet, so liegt man

Man sollte keine Wäsche in Wohnräumen trocknen, weil dadurch die Luftfeuchtigkeit ungesund hoch wird. Die beste Temperatur für Wohnräume liegt bei 21-23 Grad, für Schlafräume bei 17-20 Grad. Wer morgens nach dem Aufstehen Schmerzen hat, sollte 2-3 Wochen auf dem Boden schlafen oder eine Hartfaserplatte unter die Matratze legen. Mehr Geld kosten ein orthopädisch verstellbarer Lattenrost und eine spezielle Bandscheibenmatratze, die oben weich und innen relativ hart ist. Dann paßt sich die Schlafunterlage in jeder Lage dem Körper an. Am besten spricht man vor dem Kauf mit dem Arzt darüber.

Wer ein Hohlkreuz hat und nicht die ganze Nacht „rotiert", sollte eine Unterlage unter die Beine legen. Bei Kopf- und Schulterschmerzen braucht man neben dem normalen Kopfkissen oft ein zweites. Eine Alternative sind auch besonders geformte Gesundheitskissen, die man ausprobieren muß.

Scheinbar bequeme Sitzmöbel sind oft zu tief, so daß Leute mit steifen Knien kaum wieder hochkommen.

Fasten und Reinigen

Fastenkuren **Grundsätzlich sollte jede Rheumabehandlung damit beginnen, daß man 1–7 Tage fastet. Bei akuten wie chronischen Formen ist dies eine Reinigung des Körpers, die sich so positiv auswirkt, daß sie schon oft als „Operation ohne Messer" bezeichnet wurde.**

Fasten bedeutet fast nur Trinken: Wasser, Gemüsebrühe, Obstsäfte. Dabei kann es aber leicht zu Herz- und Kreislaufbeschwerden kommen. Trotzdem: Sie werden staunen, mit wie wenig Essen Sie auskommen können, zumindest einige Tage lang. Der Körper ernährt sich in dieser Zeit aus seinen Reserven, er baut Fett und Eiweißvorräte ab und wird gründlich entschlackt, d. h.: er scheidet überflüssige oder schädliche Stoffe aus. Gleichzeitig sollte man sich viel in frischer Luft bewegen, aber jeden Streß meiden. Folgende Methode kann man im Urlaub zu Hause anwenden:

Strenge Fastenkuren sind gefährlich. Wir empfehlen eine mildere Form, die mit weniger Risiken verbunden ist.

Fastenwoche nach Buchinger, 1. Tag

Er ist der „Entlastungstag", der Sie innerlich auf die Umstellung vorbereitet.

Morgens: 1 Apfel, 1 Birne, 1 Orange.

Mittags: 50 g Vollreis mit zwei gehäuteten und gedünsteten Tomaten.

Abends: wieder Obst, dazu Kräutertee und Bienenhonig (auch an den folgenden Tagen bis maximal 2 Löffel täglich).

Würzen mit Kräutern, nicht mit Kochsalz, da es Wasser bindet. Sie haben ziemlich Hunger; aber morgen geht es schon besser.

Fastenwoche nach Buchinger, 2. Tag

Morgens: eine Tasse Kräutertee mit Honig (keinen Bohnenkaffee oder schwarzen Tee, da diese Säurelocker Hunger machen).

Am späten Vormittag: 2–3 Teelöffel Glaubersalz in $^3/_4$ l lauwarmem Wasser auflösen und in 20 Minuten austrinken. Bleiben Sie die nächsten Stunden in der Nähe des „stillen Örtchens". Ein voller Darm macht Hunger. Nach der gründlichen Darmreinigung ist auch der Hunger weg.

Mittags: 1 Tasse Gemüsebrühe ($^1/_4$ l Wasser, 3 Kartoffeln mit Schale, 1 Karotte, ein kleines Stück Lauch, Petersilienwurzel und Sellerie) 20 Minuten kochen, durchseihen, mit Meersalz, Petersilie, Basilikum, Liebstöckel würzen. Langsam mit einem Löffel regelrecht „kauen".

Abends: wie mittags, dazu Gemüsesaft oder Obstsaft. Ab jetzt müssen Sie mindestens 3 l Flüssigkeit täglich trinken, um die Stoffwechselschlacken auszuscheiden.

Während einer Fastenkur sind Alkohol und Nikotin verboten.

Fastenwoche nach Buchinger, 3. Tag

Morgens: wieder Tee, dazu wieder Glaubersalz oder einen Einlauf, um den Darm zu entleeren. Sie werden staunen, was da oft noch zu Tage gefördert wird.

Mittags und abends: wie 2. Tag, doch können Sie zur Abwechslung andere Gemüse nehmen.

In den ersten Tagen fühlt man sich schlapp und bekommt oft Kopfschmerzen, die aber nach einigen Tagen verschwinden.

Fastenwoche nach Buchinger, 4. und 5. Tag

Wie am 3. Tag. Denken Sie ans Trinken! Sie brauchen wärmere Kleidung, da sich Ihr Blutdruck schon gesenkt hat. Ruhen Sie mittags eine Stunde, und machen Sie sich einen warmen Wickel auf die Lebergegend. Es macht nichts, wenn die Zunge belegt ist und die Haut übel riecht: Beweise dafür, daß die Entschlackung in Gang gekommen ist.

Fastenwoche nach Buchinger, 6. Tag

Länger als 8–10 Tage sollte eine solche Fastenkur nicht dauern, sonst kann es zu Herzstörungen kommen.

Jetzt beginnt die „Entwöhnungsphase“.

Morgens: Tee.

Mittags: 1 Apfel, roh, 1 Teller Gemüsesuppe, aber nicht durchgeseiht, sondern mit Kartoffel- und Gemüseteilen. Weniger trinken.

Fastenwoche nach Buchinger, 7. Tag

Der stufenweise Aufbau beginnt.

Morgens: nüchtern zwei eingeweichte Backpflaumen zur Anregung der Darmtätigkeit, 1 Birchermüsli und Tee.

Vormittags: 1 Orange.

Mittags: 1 Stück Ananas oder 1 Kiwi, Rohkostplatte oder Blattspinat mit 2 Pellkartoffeln.

Nachmittags: 1 Magerjoghurt.

Abends: Tomatensalat, 1 Folienkartoffel mit 50 g Magerquark, Tee.

Fastenwoche nach Buchinger, 8. Tag

Ein Birchermüsli für 1 Person besteht aus 1–2 gehäuften Eßlöffeln Haferflocken, am Abend vorher in Wasser eingeweicht, 2–3 Eßlöffeln süßer Sahne, dem Saft von 1/2 Zitrone, 1 mittelgroßem geriebenen Apfel und 1 Eßlöffel geriebenen Nüssen. Erst vor dem Essen zubereiten!

Morgens: 1 Backpflaume, 1 Birchermüsli, 1 Scheibe Roggenknäcke mit 50 g Magerkäse.

Vormittags: 1 Apfel.

Mittags: 1 Haferbratling mit Gemüse (2 Eßlöffel Haferflocken, 1 Eßlöffel Milch, 2 Eßlöffel geriebenen Käse, 1 Teelöffel Öl. Mischen, in Form kneten, 10 Minuten in kaltgepreßtem Öl braten), dazu gedünstetes Gemüse oder Rohkost.

Abends: 2 Tomaten, 1 dünne Scheibe Vollkornbrot mit Frischkäse und Obst.

Die „Aufbautage“ müssen mindestens ein Drittel der Fastenzeit ausmachen. Jetzt sollten Sie auf Vollwertkost umstellen. Sie besteht aus naturbelassenen Lebensmitteln, die immer frisch zubereitet werden müssen und alles Lebensnotwendige enthalten.

Schroth-Kur und Mayr-Kur

Die Entschlackungs- und Fastenkur nach Johann Schroth (1798–1856) dauert normalerweise drei Wochen. Eine Kurzfassung seines Urgroßneffen Dr. Rainer Schroth kann man auch zu Hause machen, wenn jemand jeden Abend die nötigen Wickel anlegt. Bei der Mayr-Kur, die auf Schonung, Säuberung und Schulung des Verdauungsapparates aufbaut, geht das wegen der besonderen Bauchmassagen nicht.

Eine richtige Schroth-Kur sollte man möglichst im Sanatorium durchführen, und auch eine „Mayr-Kur" ist für Laien ungeeignet, weil dabei eine spezielle Ausbildung in Bauchmassage gebraucht wird.

Am 1. Tag der Mini-Schroth-Kur gibt es morgens einen Einlauf und bis 18 Uhr nichts zu trinken, danach $1/4$ l Wein schluckweise. Morgens und abends gibt es eine trockene Semmel, mittags eine salz- und fettarme Hafersuppe. Am 2. Tag ist großer Trinktag: 1 l Wein über den Tag verteilt, mittags etwas Reis und Dörrpflaumen, sonst alte Semmeln. Der 3. und 4. Tag sind kleine Trinktage: $1/2$ l Wein ab mittags, dazu drei alte Semmeln und mittags eine Hafersuppe. Ab dem 5. Tag gibt es vegetarische Aufbaukost, Müsli, Tee und abends eine Forelle blau.

Bei der kurzen Schroth-Kur gibt es vor dem Schlafen einen Dunstwickel. Der Körper wird mit einem Glas Glühwein aufgewärmt. Als Unterlage eine Federdecke, darüber ein nasses, ausgewrungenes Leinentuch bis über die Schultern.

Alkoholiker dürfen diese Kur natürlich nicht machen; ansonsten ist die Belastung der Leber durch den Wein nicht nennenswert. Das Anstrengendste sind die abendlichen dreistündigen Schwitzwickel während der ersten vier Tage.

Ein schmackhaftes Rezept: Gemüseschnitzel

600 g verschiedene Gemüse (Karotten, Blumenkohl, Erbsen, Bohnen, Lauch oder Kohlrabi) putzen und waschen, kleinschneiden und in abgekochtem Wasser weich kochen. Mit vier Eiern und Semmelbröseln zu einem mittelweichen Teig vermengen. Dieser Teig wird mit etwas Salz, gehackter Petersilie und Schnittlauch gewürzt, zu einem rundlichen Schnitzel geformt und in einer Pfanne mit etwas Butter auf beiden Seiten goldbraun gebraten.

Hilft nicht nur gegen Vampire

Knoblauchkur **Absolut harmlos, aber sehr wirksam ist Knoblauch. Er reinigt den ganzen menschlichen Organismus, vor allem den Verdauungstrakt, hilft gegen Entzündungen, hohen Blutdruck, Sklerose, Kopfsausen – und Rheuma.**

Knoblauch ist ein erfolgreiches Hausmittel in vielen Fällen: Er verbessert auch das Sehvermögen, fördert die Blutbildung und unterstützt die Erneuerung der Körperzellen.

Frau Dr. Veronika Carstens, die Frau des ehemaligen Bundespräsidenten, berichtet: „Nicht nur in Europa, sondern auch in den südamerikanischen Staaten und Mexiko macht man gute Erfahrungen mit Knoblauch, indem man mehrere Knoblauchzehen 14 Tage lang in Schnaps ziehen läßt und dann, nachdem man die ausgelaugten Zehen herausgenommen hat, jeden Morgen 10 Tropfen des selbstgemachten Knoblauchextraktes einnimmt."

Der Magen-Darm-Kanal hat zusammengenommen eine größere Oberfläche als ein Tennisplatz und ist eines der wichtigsten Organe des menschlichen Körpers. Eine sehr wichtige Aufgabe haben Bakterienkulturen (Darmflora), die im Darm leben. Sind sie gestört, kommt es zu Gärung und Fäulnis mit vermehrter Gasbildung und manchmal Schmerzen, Krämpfen und Durchfall. Ursachen dafür können vielfältig sein, z. B. falsche Ernährung, Medikamente und viele Krankheiten. Da scheint Knoblauch einen heilenden Einfluß zu haben. Man kann für viel Geld ein Knoblauchextrakt kaufen; aber es ist ganz leicht und sehr viel billiger, es selbst herzustellen. Außerdem kann die Zubereitung ebenso viel Spaß machen wie das Ausprobieren der Wirkung.

Die Schulmedizin geht ebenfalls davon aus, daß es Zusammenhänge zwischen Krankheitserregern, die Störungen der Darmflora verursachen, und bestimmten Rheumaformen gibt.

Das Rezept

Man schält 360 g Knoblauch und mahlt ihn durch, setzt ihn dann mit 260 g reinem Alkohol in einem irdenen Gefäß wie etwa einer Steinhäger-Flasche an und hält das Ganze gut verschlossen. Zehn Tage an einem dunklen und kühlen Ort aufbewahren, durch ein Tuch filtern, zurück in die Flasche geben und noch 3 Tage stehenlassen. Jetzt kann die Kur beginnen. Das Medikament ist tropfenweise in jeweils 50 g Milch einzunehmen, ab dem 12. Tag jeweils 3 x täglich 25 Tropfen, bis das Mittel verbraucht ist. Im übrigen richten Sie sich nach folgender Tabelle:

Knoblauch ist eine Gewürz-Heilpflanze aus Mittelasien, die heute fast überall angebaut wird. Medizinisch nachgewiesen sind eine keimtötende (antibiotische) und eine blutgerinnungshemmende Wirkung.

1. Tag	morgens 1 Tr.	mittags 2 Tr.	abends 3 Tr.
2. Tag	morgens 4 Tr.	mittags 5 Tr.	abends 6 Tr.
3. Tag	morgens 7 Tr.	mittags 8 Tr.	abends 9 Tr.
4. Tag	morgens 10 Tr.	mittags 11 Tr.	abends 12 Tr.
5. Tag	morgens 13 Tr.	mittags 14 Tr.	abends 15 Tr.
6. Tag	morgens 16 Tr.	mittags 14 Tr.	abends 13 Tr.
7. Tag	morgens 12 Tr.	mittags 11 Tr.	abends 10 Tr.
8. Tag	morgens 9 Tr.	mittags 8 Tr.	abends 7 Tr.
9. Tag	morgens 6 Tr.	mittags 5 Tr.	abends 4 Tr.
10. Tag	morgens 3 Tr.	mittags 2 Tr.	abends 1 Tr.
11. Tag	morgens 15 Tr.	mittags 25 Tr.	abends 15 Tr.
12. Tag	morgens 25 Tr.	mittags 25 Tr.	abends 25 Tr.

Die Darmbakterien erneuern

Symbiose-lenkung

Wenn Ihre Darmflora aus dem Gleichgewicht geraten ist und der Darm zum Herd von Krankheitserregern wird, gelangen schädliche Stoffwechselprodukte ins Blut und damit in die verschiedensten Organe.

Die wichtigsten Bakterien des Darms sind Coli-Bakterien, die mit anderen Darmbakterien eine Lebens- und Arbeitsgemeinschaft (Symbiose) bilden. Diese Symbiose wird oft wiederhergestellt, indem der Arzt lebende Coli-Bakterien verabreicht. Schneller zum Ziel kommt man aber mit der „Symbioselenkung des Darms“:

1. Woche	OZOVIT	3 x täglich 1 Teelöffel auf 1 Glas Wasser.
2.–4. Woche bei Durchfall	HYLAkombun	2 x täglich 1/4 Stunde vor dem Essen 1 Tab., nach 3 Wochen absetzen.
bei normalem Stuhl oder Verstopfung	HYLAK forte	3 x 40, dann 20 Tropfen vor den Mahlzeiten, nach 3 Wochen absetzen.
	AMARA-Mischung	2 x täglich 1/4 Stunde vor den Mahlzeiten 20–30 Tropfen in warmem Wasser.

	MARKALAKT	Vormittags und nachmittags 1 Teelöffel auf 1 Tasse war mes Wasser, zusammen mit
	HEPATICUM Pascoe	je 2–3 Tabletten
5.–12. Woche		
	SYMBIOFLOR I	5–20 Tropfen schnupfen, mit 5 Tropfen beginnen und langsam steigern.
	SYMBIOFLOR II	5–20 Tropfen einnehmen, nicht schnupfen. Mit 5 Tropfen beginnen und langsam steigern. In täglichem Wechsel 2 x täglich nach den Angaben im Beipackzettel.

In geringer Dosis werden weiter eingenommen:

- AMARA-Mischung
- Markalakt
- HEPATICUM-Pascoe

Die AMARA-Mischung setzt sich aus folgenden Medikamenten zusammen: PASCOPNKREAT (30,0), AMARA-Tropfen Pascoe (30,0) und Quassia-Similiaplex (20,0). Jeder Apotheker stellt Ihnen die AMARA-Mischung auf Wunsch her.

Die Symbioselenkung wurde von Prof. Dr. Herget an der Universität Gießen entwickelt und von Dr. Kienholz für dieses Buch modifiziert.

Selbstverständlich sollen Bakterienpräparate im Kühlschrank aufbewahrt werden. Aber keine Angst, sie sind völlig ungefährlich, da es sich ja um für den Körper notwendige Bakterien handelt.

Ändern Sie Ihre Ernährungsweise

Vollwertkost

Es gibt zwar keine Rheuma-Diät, aber Ernährungsgewohnheiten nehmen trotzdem einen großen Einfluß auf Rheuma-Erkrankungen. Viele Patienten stellen fest, daß nach bestimmten Speisen die Beschwerden zunehmen, etwa nach Süßigkeiten, Rotwein, Eiern oder Fleisch. Die richtige Vollwertkost kann Ihnen helfen.

Vollwertkost ist keine Diät, sondern möglichst naturbelassene Nahrung anstelle von durch Erhitzen, Konservieren und Präparieren geschädigten Produkten.

Manche Speisen rufen wahrscheinlich Störungen der Darmflora hervor, und weil dabei fehlerhafte Stoffwechselprodukte als Schadstoffe ins Blut und in die Organe kommen, lösen sie dort Beschwerden aus. Außerdem kommen Allergien gegen industriell hergestellte Lebensmittel als Rheuma-Ursachen in Frage; gegen Vollwertkost ist niemand allergisch.

Es gilt als wissenschaftlich erwiesen, daß die Abkehr von natürlichen Lebensmitteln ungesund ist. Leider zeigen sich die Folgen erst nach vielen Jahren – als Gicht, Rheuma oder eine Vielzahl anderer Krankheiten. Eine gemäßigte vegetarische Kost aus Gemüse, Obst und Milchprodukten bewirkt auch nach Ansicht der Schulmediziner eine schnelle Besserung bei entzündlichen Rheumaformen. Klar ist:

Der Wert von Lebensmitteln hängt nicht nur vom Grad ihrer Bearbeitung ab, sondern besonders bei Obst, Gemüse, Getreide und Kartoffeln von der Art ihres Anbaus. Dieser sollte biologisch sein, d. h. auf Chemikalien verzichten.

1. „Gesundes Essen“ muß nicht teuer sein.
2. „Gesundes Essen“ kann köstlich sein.
3. Die Zubereitung ist nicht besonders schwierig.

Man muß „nur“ einige Gewohnheiten ändern. Das ist nicht leicht, vor allem wenn man zumindest am Anfang mehr Zeit in der Küche verbringt als vorher.

Was ist eigentlich Vollwertkost?

Früher hielt man bei der Ernährung nur die Grundnährstoffe für wichtig: Eiweiße, Kohlenhydrate und Fette sowie einige Mineralien wie Kalium, Magnesium, Kalzium und Vitamine. Inzwischen weiß man, daß zu viele industriell verfälschte Lebensmittel gegessen werden, die bloß „tote Kalorien“ liefern. Man braucht aber auch Ballaststoffe, Enzyme und essentielle Fettsäuren. Nur dann ist Nahrung vollwertig.

Hochwertiges Eiweiß liefern Quark, Sauermilch, Soja und Käse. Bei den Fetten sollte man pflanzliche mit mehr ungesättigten Fettsäuren vorziehen (Öl aus Disteln, Maiskeimen oder Sonnenblumen).

Empfohlen	Nicht empfohlen
1. Vollkornbrot	1. Auszugsmehlprodukte
2. Frischkornbrei	2. Fabrikzucker
3. Frischkost	3. Säfte, gekochtes Obst
4. Naturbelassenes Fett	4. Denaturierte Fette

Die Deutsche Bundesanstalt für Qualitätsforschung hat in einem langjährigen Versuch festgestellt, daß organisch gedüngte Pflanzen 23 % mehr Trockensubstanz (höherer Nährwert) als andere haben, 28 % mehr Eiweiß, 19 % mehr Zucker, 23 % mehr Aminosäuren, 18 % mehr Kalium, 10 % mehr Kalzium, 13 % mehr Phosphor, 17 % mehr Eisen, aber 93 % weniger Nitrate, die im Körper in giftige Nitrite umgewandelt werden.

Sie sollen nicht zum Rohköstler werden. Aber als Einstieg ist ein täglicher Frischkornbrei und Brot aus frisch geschrotetem Korn zu empfehlen. Viele Familien backen sich ihr Brot schon selbst. Allmählich ersetzen solche Gerichte die bisherige Speisekarte. Sie werden feststellen, daß die Umstellung gar nicht so groß ist.

Bei einer Ernährung mit Vollwertkost treten keinerlei Mangelerscheinungen auf. Nach dem Abklingen des Rheumas kann man wieder Fleisch und Eier essen, denn ein Teil der Eiweiße soll tierischen Ursprungs sein.

Eine Viertelstunde für Ihre Gesundheit

Gymnastik

Es gibt einfache und ungefährliche Gymnastik-Übungen für Rheumatiker, die Sie selbst ausführen können. Sprechen Sie mit dem Arzt darüber, welche für Sie am besten geeignet sind. Und dann opfern Sie täglich nur eine Viertelstunde – Ihrer Gesundheit zuliebe.

Die meisten Krankengymnasten halten ein Grundprogramm und dann einige Spezialübungen für bestimmte Fälle von Rheuma bereit. Wenn Sie schon einmal Kran-

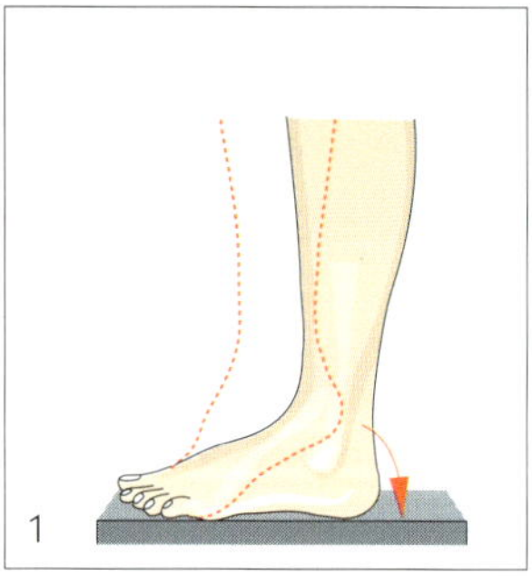

1. Leicht gegrätscht stehen, abwechselnd mit den Füßen auf und ab federn.
2. Leicht gegrätscht stehen, rechten Arm heben, Oberkörper mehrfach so weit wie möglich nach links und rechts beugen.

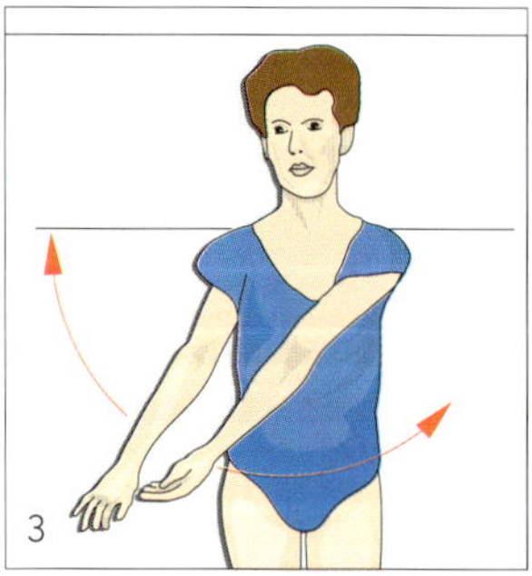

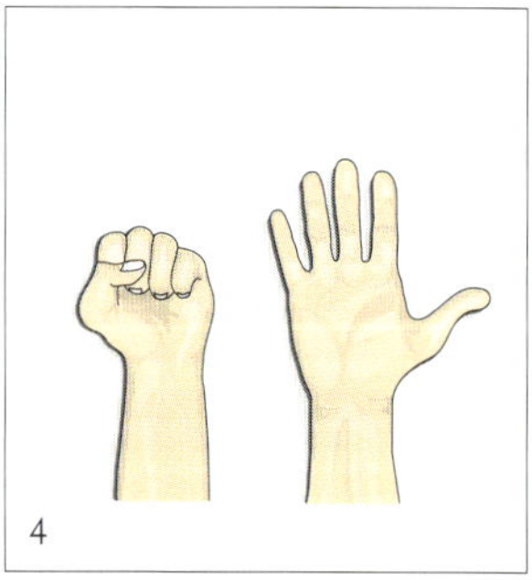

3. Leicht gegrätscht stehen, beide Arme mehrmals nach rechts und links schwingen.
4. Auf einen Hocker setzen, beide Hände zur Faust schließen, den Daumen in der Hand. Mehrmals abwechselnd die Hände strekken und eine Faust bilden.

kengymnastik gemacht haben, sind Ihnen die wichtigsten Übungen vielleicht schon bekannt. Wichtig ist, daß Sie Ihr persönliches Gymnastikprogramm so regelmäßig wie irgend möglich absolvieren, am besten gleich morgens nach dem Aufstehen, um die vom Schlaf steifen Glieder zu lockern. Das bringt gleichzeitig auch den Kreislauf in Schwung und hilft gegen Schmerzen, die nur morgends auftreten.

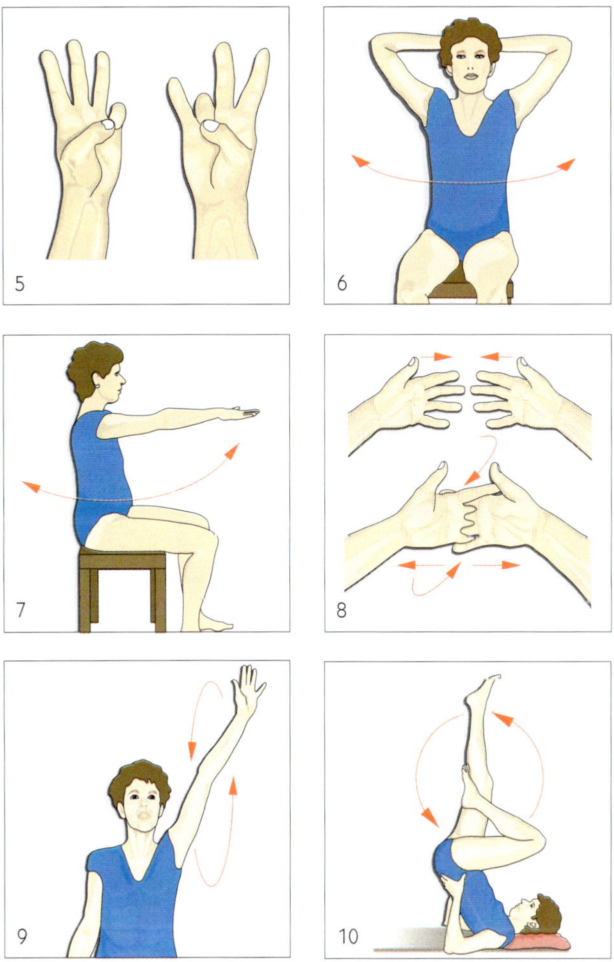

5. Nacheinander die Finger einzeln auf den Daumen drücken und wieder strekken. Beide Hände gleichzeitig oder abwechselnd.
6. Gerade sitzen, ruhig und kräftig atmen, Arme seitlich hängen lassen. Bauch anspannen, Hände im Nacken falten, Oberkörper langsam nach rechts und links drehen.
7. Hände vor und hinter dem Körper zusammenschlagen. Vorn immer höher, bis über den Kopf, dann langsam wieder abwärts.
8. (oben) Hände falten, bei gleicher Fingerhaltung auseinanderziehen, wiederholen.
(unten) Hände falten, Arme nach vorn strecken, Handflächen nach außen vorn drehen.
9. Gerade stehen. Mit den Armen kreisen: vorwärts und rückwärts. Erst rechts und links einzeln, dann beide Arme.
10. „Radfahren" auf dem Rücken, auf einer Wolldecke liegend.

Heilung aus der Wanne

Bäder

Das ist ein uraltes Mittel gegen rheumatische Beschwerden, das man gut zu Hause anwenden kann. Da aber Vollbäder und Dreiviertelbäder Herz und Kreislauf belasten, sollten Sie Ihren Arzt fragen, ob in Ihrem Fall auch Bäder gestattet sind.

Die meisten Badezusätze fördern die Durchblutung der Haut. Oft enthalten sie auch entzündungshemmende oder schmerzlindernde Wirkstoffe. Auf jeden Fall wirkt die Wärme wohltuend gegen chronische Schmerzen.

Die folgenden Bäder sollte man nicht anwenden bei fieberhaften Erkrankungen, aktiver Tuberkulose, schwerer Herz- und Kreislaufschwäche, Bluthochdruck, vorgeschädigter Niere und in den letzten Wochen der Schwangerschaft, es sei denn, der Arzt hat es Ihnen ausdrücklich genehmigt.

Woraus eine Badekur besteht

Eine Badekur zu Hause umfaßt 3 Bäder wöchentlich; insgesamt sollten es 12 Bäder sein, erlaubt sind aber auch mehr. Nach dem Bad trocknet man sich nur leicht ab und sollte unbedingt anschließend möglichst eine Stunde ruhen.

Den einzelnen Badezusätzen, die es in der Apotheke zu kaufen gibt, liegen Gebrauchsanleitungen bei, die über Zusammensetzung, Temperatur des Badewassers, Dauer des Bades und Gegenanzeigen unterrichten, so daß Sie nichts falsch machen können. Wenn Sie Krampfadern haben, müssen die Beine immer aus dem Wasser herausgehoben werden! Legen Sie dazu einen großen Schemel, eine Getränkekiste aus Kunststoff oder etwas Ähnliches unter.

Bei Rheuma in Händen oder Füßen genügt oft eine Schüssel mit heißem Wasser und einem Badezusatz.

- Beim warmen Vollbad sitzt der Patient bis zum Hals in einer Wanne, die mit 36–38 Grad warmem Wasser gefüllt ist. Dauer: 10, danach 15, dann 20 Minuten.
- Beim Dreiviertelbad wird die Wanne nur bis zur Brust gefüllt. Alles andere bleibt gleich.
- Bei einem Halbbad reicht das Wasser nur bis zum Nabel.

Mit einer Packung Kochsalz kann man in heißem Badewasser die gleiche Wirkung erzielen wie ein Thermalsole-Bad.

Badezusätze

Man verwendet für Rheumabäder verschiedene Zusätze, die der besseren Durchblutung dienen, um zusammen mit der Wärme eine stärkere und länger anhaltende Wirkung zu erzielen. Manche Zusätze sollen auch selbst bestimmte Heilwirkungen auslösen. Die häufigsten sind:

- Heublumen: Man setzt sie mit kaltem Wasser an, bringt sie zum Kochen und läßt sie 30 Minuten kochen. Dann preßt man sie durch ein Tuch und setzt sie dem Badewasser zu. Für ein Vollbad braucht man 750–1000 g, für ein Halbbad 500 g Heublumen.
- Bei Haferstroh braucht man 1000–1250 g, sonst wie oben.
- Für Fichtennadelbäder gibt es fertigen Extrakt zu kaufen.
- Für Salzbäder nimmt man vom billigsten Salz für ein Vollbad 2 kg, ein Halbbad 1 kg, ein Sitzbad bis zum Nabel 500 g, für ein Hand- oder Fußbad 250 g. Bei Hand oder Fußbädern die Temperatur langsam von 38 auf 42 Grad steigern.
- Für Moorbäder ist SALHUMIN zu empfehlen, das zusätzlich Salicylsäure enthält.
- Ein gutes Schwefelbad ist das „SCHWEFELBAD Dr. KLOPFER“.
- Ätherische Öle enthält das PINIMENTOL-BAD.

Vor allem bei Weichteilrheumatismus wirken Unterwassermassagen und Dampfduschen sehr gut; sie gehören aber nur in die Obhut von Fachleuten.

Kälte und Wärme

Wickel, Packungen

Bei akuten Entzündungen helfen Eisverband, Lehmpakkung, Quarkpackung oder kalte Wickel. Bei chronischen Schmerzen sind warme Anwendungen hilfreich. Hier werden sie im einzelnen beschrieben, damit Sie in Zusammenarbeit mit Ihrem Arzt auch selbst aktiv werden können.

Nicht zu starke Entzündungen kann man auch mit heißen Teilwickeln bekämpfen – mit Heusäcken, Kartoffelbreiumschlägen oder Lehmpflastern. Meistens aber sind die Anwendungen gegen Entzündungen kalt und die gegen chronische Schmerzen heiß.

Kalte Anwendungen

Vom Eisverband war im Zusammenhang mit der Physiotherapie bereits die Rede, ebenso wie von der grundsätzlichen Technik, mit der man einen Wickel oder eine Packung anlegt. Es gibt aber auch andere Möglichkeiten. Einmal wirkt die Kälte direkt: Kühlung hilft gegen Entzündungen. Zum anderen aber wirkt Kälte bei Wikkeln auch indirekt, denn der Kältereiz kurbelt die Durchblutung des Gewebes an, und weil der Patient gut eingepackt ist, fängt er dann in dem langsam entstehenden Hitzestau stark an zu schwitzen.

Die Lehmpackung

Vorsicht: Lehmpackungen nicht auf Wunden legen, sonst besteht Infektionsgefahr!

Vorwiegend für kalte Anwendungen wird die Lehmpakkung benutzt. Man kann sich dafür keimfreien Lehm kaufen, aber auch in einer Lehmgrube Lehm aus den tieferen Schichten holen und ihn durch längeres Lagern auf einer heißen Herdplatte keimfrei machen. Dann pulverisiert man ihn und rührt ihn nach Bedarf zu einer salbenartigen Masse an, die man entweder auf ein altes Tuch etwa 1 cm dick aufstreicht oder direkt auf die kranke Körperstelle legt. Schon am Abend vorher angerührt, ist er schön gleichmäßig durchfeuchtet. Über die Packung legt man am besten etwas Plastikfolie, um die Laken nicht zu beschmutzen. Außerdem läßt sich dann der Lehm mehrmals verwenden. Da Lehm die Haut austrocknet, muß man die behandelte Stelle nach der Anwendung mit Öl oder einer fetthaltigen Creme einreiben.

Auch kalte Wickel sollen zum Schwitzen anregen; es wäre daher völlig falsch, die wärmenden Decken zu entfernen und dem Patienten Kühlung zu verschaffen.

Die Quarkpackung

Quark wird mit etwas Milch angerührt, der man zur Verstärkung der Wirkung noch einige Tropfen Essig hinzufügt. Die Mischung wird wie eine fingerdicke Salbe auf ein Leinentuch gestrichen. Dieses legt man auf oder um die Stelle, die behandelt werden soll, und deckt darüber zunächst ein Zwischentuch und dann eine Wolldecke. Gewöhnlich bleibt die Packung liegen, bis der Quark trocken oder krümelig wird.

Der kalte Wickel

Ein mehrfach zusammengelegtes Leinentuch wird in kaltes Wasser getaucht, gut ausgewrungen und auf die kranke Stelle gelegt. Dann zieht man den Stoff so fest an, wie es geht, ohne die Durchblutung zu behindern. Darüber kommen die vorbereiteten Tücher und Dekken, die mit Sicherheitsnadeln befestigt werden. Das Zimmer muß dabei gut warm sein, die Fenster dürfen erst nach dem Anlegen des Wickels geöffnet werden, wenn der Patient zugedeckt ist. Nach 1 1/2 Stunden kann der Wickel abgenommen oder erneuert werden. Nach der Behandlung sind 30 Minuten Ruhe nötig; hat der Patient stark geschwitzt, auch 60 Minuten.

Fängt der Patient 30 Minuten nach dem Anlegen des Wickels nicht an zu schwitzen, hilft man mit heißen Getränken oder einer Wärmflasche nach, niemals mit einem Heizkissen.

Heiße Salzwickel

Um Verbrennungen zu vermeiden, prüft man die Temperatur der Packung vor dem Anlegen mit der Wange oder mit dem Handrücken.

Sie werden genauso gemacht wie kalte Wickel, nur legt man das Leinentuch in einen Topf mit kochendem Wasser, dem pro Liter mindestens 60 g Kochsalz zugegeben werden. Dann nimmt man das Tuch mit einem Schöpflöffel heraus, drückt es aus und legt es auf die vorbereitete Unterlage. Dann werden die Tücher fest zusammengerollt und auf die kranke Stelle gelegt. Die heißen Tücher kommen also nie direkt auf die Haut, damit sich der Patient auf keinen Fall Verbrennungen zuziehen kann.

Heiße Heublumenwickel

Heublumen für diesen Zweck gibt es in Apotheken fertig zu kaufen. Die Größe des Wickels richtet sich danach, welche Körperstellen behandelt werden sollen. Man gibt Heublumen in heißes Wasser (nach Packungsbeilage), taucht das Tuch hinein und wickelt es um die betreffende Körperpartie. Darüber legt man ein trockenes Tuch, und dann folgt noch eine wärmende Wolldecke.

Heiße Breiauflagen

Packungen wirken intensiver als Wickel, halten die Wärme länger, belasten aber auch Herz und Kreislauf mehr.

Hauptsächlich werden sie aus Kartoffeln gemacht. Dazu kocht man Kartoffeln mit Schale und stampft sie zu einem feuchten, heißen Brei. Diesen Brei gibt man in ein Tuch oder ein Säckchen, schlägt dieses so heiß wie möglich in eine Wolldecke ein und legt es auf. Man kann auch Lehm oder Leinsamen kochen und auf ein Tuch streichen, das man dann zu einem Paket faltet und auflegt.

Heiße Heusack-Packungen

Dieses Mittel wird gern und viel verwendet, weil es eine große Tiefenwirkung hat. Man nimmt einen Sack aus grobem Leinen, füllt eine Handbreit hoch Heublumen hinein, legt ihn in einen Topf, übergießt ihn mit heißem Wasser und läßt ihn 15 Minuten ziehen. Dann preßt man ihn zwischen zwei Küchenbrettern aus und legt ihn so heiß auf, wie es der Patient vertragen kann (38–40 Grad).

Fango-Packungen

Am besten für Wärmebehandlungen aber sind die weit verbreiteten und allgemein bekannten Fango-Packungen. Nach etwa 20 Minuten erreicht die Ausstrahlung dieses Wärmeträgers aus Heilschlamm und Paraffin nämlich auch noch Muskelschichten in einer Tiefe von mehreren Zentimetern.

Fertig gekauftem Fango ist Hartparaffin beigemischt; das verzögert die Abkühlung, und die Masse löst sich nach der Behandlung leichter ohne Schmutzreste ab.

Der Name Fango kommt ursprünglich von italienischem Heilschlamm vulkanischen Ursprungs, der aus den Ablagerungen am Boden heißer Quellen gewonnen wurde. Der berühmteste Fango stammt aus der Gegend um Padua und aus Abbano Therme. Man gewinnt aber auch Fango aus verwittertem Basalttuff, wie er bei Bad Neuenahr und Ahrweiler in der Eifel vorkommt. Inzwischen dient Fango als Sammelbegriff für industriell hergestellte Heilschlamm-Packungen.

Solche vorgefertigten Packungen kann man bis zu 15mal wieder verwenden, deshalb sind sie verhältnismäßig preiswert. Man heizt den Backofen auf 100 Grad vor und läßt die Packung 15–30 Minuten darin. Jeder Packung ist eine genaue Gebrauchsanweisung beigelegt. Zu kaufen gibt es Fangopackungen in Apotheken und im medizinischen Fachhandel (z. B. in Orthopädiehäusern oder Geschäften für Medizintechnik). Im Zweifel fragen Sie Ihren Arzt danach. Es gibt auch Naturfango zu kaufen, aber der Umgang damit ist nicht einfach und ziemlich schmutzig; außerdem unterstützt man damit die Zerstörung unserer Umwelt.

Ähnlich wie eine Fangopackung wirkt die Bestrahlung mit Rotlicht- oder Infrarotlampen.

Mit Rheuma leben

Psyche

Der Alltag mit einer schmerzhaften chronischen Krankheit wie Rheuma verändert die Menschen. Man braucht Medikamente und macht sich Sorgen. Es gibt berufliche, familiäre und manchmal auch finanzielle Gründe dafür. Auch dagegen können Sie etwas tun.

Leistungssport und übertriebener Ehrgeiz sind bei Rheuma schädlich, aber Bewegung in Grenzen, die mit dem Arzt abgesprochen sind, hilft und beugt weiteren Schäden vor.

Ob man bei der Arbeit Schwierigkeiten bekommt oder seinen geliebten Sport aufgeben muß, ob man vielleicht in Zukunft nicht mehr reisen kann oder gar an den Rollstuhl gefesselt und auf ständige Hilfe anderer Menschen angewiesen ist, hängt weitgehend von einer rechtzeitigen Vorsorge ab. Die wirklich schlimmen Fälle beweisen fast immer, daß der Patient lange Jahre weder auf Vorbeugung geachtet noch Gymnastik betrieben oder seine Ernährung angemessen geändert hat. Wenn Sie die Ratschläge in diesem Buch befolgen, kann Ihnen das nicht passieren.

Verdrängen Sie Ihre Ängste nicht

Wenn eine Operation vorgeschlagen wird, wenn man ins Krankenhaus muß, wenn man als Patient Hilfe braucht, kommen schnell Ängste ins Spiel. Das kann die Angst davor sein, daß eine Operation schiefgehen könnte, aber auch die Angst davor, anderen zur Last zu fallen. Viele Menschen empfinden das als demütigend und sprechen nicht darüber. Und das wäre falsch. Nicht nur die Ehe kann darunter leiden; manchmal sind Sexualstörungen die Folge solcher unaufgearbeiteten seelischen Nöte. Auch der Rückzug von Freunden und Verwandten wäre fatal in einer Lage, wo Sie ganz besonders darauf angewiesen sind, den Kopf nicht in den Sand zu stecken und Ihren Problemen ins Gesicht zu sehen. Suchen Sie, wenn Sie unsicher sind, entschlossen das Gespräch mit Ihrem Arzt!

Nehmen Sie Hilfe auch wirklich an

Nicht nur die Rheuma-Liga (siehe Adreßteil) bietet Hilfe und Beratung an, auch Psychologen und Psychotherapeuten. Erstens ist es keine Schande, solche Hilfe anzunehmen, denn dafür ist sie ja da. Und zweitens bezahlt das die Krankenkasse, wenn Sie sich vorher erkundigen und sich der Unterstützung Ihres Arztes versichern.

Wer während eines akuten Rheuma-Schubes depressiv und mutlos wird, sollte wissen, daß dies oft mit der Entzündung zusammenhängt und mit ihr wieder vergeht.

Geben Sie nicht auf

Wenn ein Patient, der sich plötzlich nicht mehr allein anziehen oder auf die Toilette gehen konnte, wieder selbständig mit seinem Alltag zurechtkommt, den Stammtisch besuchen und Sport treiben kann, hebt sich auch sein Selbstbewußtsein wieder: Man kann also auch mit dem Rheuma-Alltag zurechtkommen. Sie werden sehen: Es gibt viele Hilfen, auch spezielle Sitzmöbel, Matratzen, Korsetts, Schuheinlagen und dergleichen. Sie werden Schmerzen vermeiden oder sehr viel besser ertragen lernen, und Sie können auf eine Vielzahl therapeutischer Verfahren zurückgreifen. Das wichtigste aber ist, daß Sie als Patient selbst nicht aufgeben. Auch für schmerzgeplagte Menschen gibt es immer einen Grund, sich weiter auf das Leben zu freuen. Das amerikanische Wort vom „positiven Denken" ist nur dann ein schales Schlagwort, wenn man es oberflächlich betrachtet. Wie der gläubige Mensch vielleicht Hoffnung und Kraft aus einem möglichen Sinn schöpft, dem sein Leiden dient, so gewinnt der Judokämpfer neue Kraft aus jedem Sturz, dessen Schwung er nutzt, um wieder auf die Beine zu kommen.

Die Seele kann helfen, den Körper zu heilen. Um den Alltag als Rheumatiker besser zu bewältigen, ist es wichtig, wirklich jede Hilfe anzunehmen und die Flinte nicht ins Korn zu werfen.

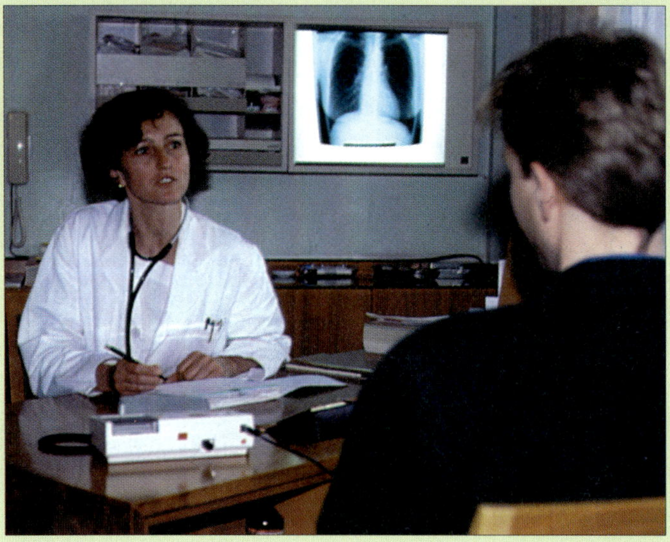

Fragen und Antworten aus der Praxis

Erfahrene Ärzte haben schon oft Patienten in ihrer Praxis gehabt, die mit drängenden Fragen zur Bewältigung ihres Rheumas kommen. Dieses Kapitel versucht, für Sie diese Erfahrung „anzuzapfen“. Es ordnet die häufigsten Fragen, soweit sie nicht schon bisher unter einem Schlüsselwort abgehandelt wurden, unter den Stichworten „Familie und Sexualität“, „Beruf und Alltag“, „Urlaub und Reisen“ sowie „Sozialversicherung und Behinderung“. Sicher sind keine zwei Menschen genau gleich, und erst recht gilt das für ihre Probleme. Trotzdem werden Sie sehen, daß Sie viele Fragen gar nicht mehr zu stellen brauchen, wenn Sie weiterlesen.

Familie und Sexualität

Ist Rheuma erblich?

Grundsätzlich nein. Es gibt aber eine erbliche Veranlagung für die Neigung zu Entzündungen, die zusammen mit Verschleißerscheinungen, Klima und Wetter, schlechter Haltung und bestimmten Bakterien Rheuma auslösen können. Sehr viel komplizierter ist der Sachverhalt bei der rheumatoiden Arthritis und bei der Bechterew-Krankheit. Da gibt es eine anlagebedingte Schwäche des Bindegewebes. Auch das Immunsystem des Körpers spielt eine Rolle, weil es den Entzündungsprozeß unterhält.

Darf ich die „Pille" nehmen, wenn ich Rheuma habe?

Veränderungen im Hormonhaushalt können den Stoffwechsel so beeinflussen, daß leichter als sonst Entzündungen auftreten. Wenn Sie den Verdacht haben, daß Verhütungsmittel bei Ihnen diese Folgen haben, sprechen Sie mit Ihrem Arzt.

Stimmt es, daß Frauen öfter Rheuma bekommen als Männer?

Grundsätzlich nein. Die einzige nennenswerte Ausnahme ist die rheumatoide Arthritis. Sie kommt bei Frauen dreimal häufiger vor als bei Männern. Dafür leiden Männer zehnmal so oft wie Frauen unter der Bechterew-Krankheit.

Kann Rheuma impotent oder frigide machen?

Grundsätzlich nein. Es gibt aber Fälle ständiger Verstimmung oder Depressionen durch chronische Schmerzen, wo auch das sexuelle Verlangen abnimmt. Wenn man Schwierigkeiten hat, sich zu entspannen oder schmerzfrei zu bewegen, kann das ebenfalls Probleme beim Sex verursachen. Dagegen weiß Ihr Arzt aber Rat.

In welchem Alter ist man besonders anfällig für Rheuma?

Rheuma ist keine Frage des Alters. Von entzündlichen Rheumaformen sind Kinder und Jugendliche besonders häufig betroffen, während Verschleißerscheinungen an Gelenken und Wirbelsäule vorwiegend eine Alterskrankheit sind.

Sollte eine Frau mit rheumatoider Arthritis oder der Bechterew-Krankheit lieber nicht schwanger werden?

Grundsätzlich ist gegen eine Schwangerschaft nichts einzuwenden. Doch häufig ist man bei solchen Erkrankungen auf Schmerzmittel und andere Medikamente angewiesen, die während der Schwangerschaft nicht eingenommen werden dürfen. Außerdem müssen Sie abklären, ob Partner oder Angehörige notfalls bei der Kinderbetreuung mithelfen können, falls Ihre Bewegungsfähigkeit eingeschränkt ist. Grundsätzlich sollten Sie sich, bevor Sie diese Entscheidung treffen, von einem Rheumatologen beraten lassen, der Sie auch während der Schwangerschaft (zusammen mit dem Gynäkologen) betreuen sollte.

Ist Sex bei Rheuma schädlich?

Normalerweise überhaupt nicht. Es kann sein, daß Sie Rückenschmerzen dabei haben (oder davon bekommen) bzw. daß Ischias-Symptome Sie schmerzhaft behindern. Sprechen Sie mit Ihrem Partner oder Ihrer Partnerin offen darüber, und suchen Sie nach entspannten Stellungen, die keine Schmerzen bereiten.

Seit ich Rheuma habe, fühle ich mich einsam. Was kann ich dagegen tun?

Sprechen Sie mit Ihrem Partner darüber, und machen Sie einen Plan, wie Sie künftig sinnvoll mehr Zeit miteinander verbringen können. Es gibt viele Freizeitbeschäftigungen, die man unter Berücksichtigung einiger Einschränkungen durch Rheumabeschwerden zusammen genießen kann. Das gleiche gilt für Freunde, Kollegen und Bekannte. Wenn Sie wirklich nur auf Ablehnung stoßen, suchen Sie über eine Selbsthilfegruppe gleichgesinnte Betroffene. Sie werden über den Erfolg staunen!

Beruf und Alltag

Welche beruflichen Belastungen sind schlecht bei Rheuma?

Die Antwort ist schwierig, weil fast jeder Beruf nicht das reine Vergnügen ist und in Streß ausarten kann, der erwiesenermaßen zu Muskelverspannungen, Haltungsschäden und Verschleißerscheinungen der Gelenke führt. Sie müssen also auf jeden Fall - wie in allen Dingen, so auch im Beruf - Maß halten. Wir wissen aber heute, daß bestimmte Tätigkeiten für Rheuma-Patienten besonders schädlich sind:

- Wechselschichten, vor allem Nachtschichten
- Schweres Heben und Tragen
- Arbeiten in ständiger Feuchtigkeit und Kälte
- Ständiges Sitzen, vor allem am Computer
- Eintönige Fließbandarbeit oder Feldarbeit
- Ständiges Stehen (Verkäuferinnen!)

Welche Tätigkeiten sind Rheuma-Patienten zu empfehlen?

Alle Tätigkeiten sind zu bevorzugen, bei denen man keine dauerhaft einseitige Körperhaltung einnimmt, regelmäßige Pausen hat und möglichst ab und zu gehen kann oder sonst in mäßiger Bewegung bleibt. Besondere Merkmale von Tätigkeiten, die man auch als Rheumatiker problemlos ausüben kann, sind:

- Geistige oder leichte körperliche Arbeit
- Selbstbestimmtes Arbeitstempo
- Selbstbestimmte Leistung
- Viel Abwechslung statt Routine
- Ungestörter Nachtschlaf und geregelte Freizeit sind möglich

Wann muß man wegen Rheuma den Beruf wechseln?

Wenn man unerträgliche chronische Schmerzen hat oder durch Funktionseinschränkungen der Gliedmaßen sich selbst oder andere gefährdet. Sprechen Sie mit Ihrem Hausarzt und dem Betriebsarzt darüber.

In den meisten Fällen, vor allem wenn Sie schon lange bei einem Unternehmen beschäftigt sind, gibt es für Sie mögliche Umschulungsmaßnahmen.

Müssen Rheumatiker beim Duschen oder Baden aufpassen?

Kneipp-Anwendungen und kalt-heiße Wechselbäder wirken im allgemeinen angenehm anregend, bauen Streß ab und sind gesund.

Vor allem die Reize durch kaltes Wasser führen aber auch dazu, daß sich die Muskeln zusammenziehen. Das kann Verspannungen verstärken und manchmal sogar eine plötzliche Einklemmung von Nerven bewirken (z.B. das „Schulter-Halswirbel-Syndrom"). Ob kaltes Wasser für Sie persönlich schädlich ist, kann eigentlich nur die Erfahrung zeigen.

Darf ich als Rheumatiker in die Sauna gehen?

Ja, wenn Sie keine akute Entzündung haben oder herzkrank sind bzw. Kreislaufprobleme haben. Vor allem bei chronischen Schmerzen und Verschleißerscheinungen wirkt Wärme ausgesprochen wohltuend. Bei Weichteil-Rheumatismus entspannt sich der Körper in der Sauna. Auch das Schwitzen ist nützlich. Nur bei anschließenden Kaltwasserbehandlungen müssen Sie vorsichtig sein (siehe oben).

Kann autogenes Training gegen Rheuma helfen?

Autogenes Training ist eine einfache, aber wirksame Methode zur Selbsthilfe bei Streßproblemen und zur Schmerzbewältigung. Sie kann sogar bestimmte Körperfunktionen unter Kontrolle bringen. Sie müssen diese Entspannungstechnik aber unter fachkundiger Anleitung lernen. Das kann unterschiedlich lange dauern, ist aber nie gefährlich und kann nur empfohlen werden.

Nur ein Beispiel für den Nutzen bei Rheuma: Es ist wissenschaftlich erwiesen, daß man damit die Temperatur in Armen oder Beinen willentlich erhöhen und die Durchblutung deutlich verbessern kann.

Urlaub und Reisen

Was sollten Rheumatiker im Urlaub berücksichtigen?

Ganz allgemein: Sie dürfen Ihre Medikamente nicht vergessen, sollten Ihre Vollwertkost-Ernährung nicht vernachlässigen und sich körperlich nicht überanstrengen (Sport). Bei verändertem Tagesablauf geraten Gymnastikübungen leicht in Vergessenheit, und das bereut man bald. Nutzen Sie aber auch die Gelegenheit, einmal im Jahr eine Fasten- oder Knoblauchkur zu machen, die man im normalen Arbeitsalltag meistens nicht ohne weiteres hinbekommt - sei es, weil man seine Kräfte braucht, sei es, weil man bestimmten Mitmenschen keinen Knoblauchgeruch zumuten kann.

Dürfen Rheumatiker überall Urlaub machen?

Grundsätzlich ja, obwohl trockene Wärme oder Kälte für Sie das beste ist. In die Arktis oder an den Südpol wollen nur die wenigsten. Aber Wüstenklima oder die Subtropen sind ebenso gut für Rheumatiker wie die Alpen im Herbst.

Wandern ist eine ausgesprochen sinnvolle Urlaubsbetätigung für Rheumatiker. Außerdem sollten Sie darauf achten, einen Urlaubsort zu wählen, wo vielleicht Thermalquellen oder Moorbäder in der Nähe sind, die Sie ganz nebenbei zum Kampf gegen Ihr Rheuma nutzen können. Auch ein Hotel mit Massagemöglichkeiten ist zu bevorzugen.

Kann das Baden im Meer schaden?

Im allgemeinen sind Solebäder (Bäder in stark salzhaltigem Wasser) gut gegen Rheuma. Achten Sie aber darauf, daß die Wassertemperatur mindestens 27, besser 28 Grad beträgt.

Können Impfungen schaden?

Im allgemeinen nein. Manchmal sind aber Rückwirkungen auf den Körper nicht ausgeschlossen. Fragen Sie daher Ihren Arzt vor jeder Impfung nach den möglichen negativen Folgen.

Ist bei Rheumatikern die Verkehrstüchtigkeit eingeschränkt?

Ähnlich wie Alkohol können auch Schmerzmittel und bestimmte Rheumamittel (vor allem Muskelrelaxantia) müde machen und dadurch die Fahrtüchtigkeit einschränken, vor allem in höherer Dosierung. Das Reaktionsvermögen wird dabei deutlich verlangsamt, Sie reagieren im Zweifelsfall nicht schnell genug auf Gefahren im Verkehr, sollten daher unbedingt mit Ihrem Arzt über die Verkehrstauglichkeit sprechen.

Wenn Sie z. B. aus beruflichen Gründen darauf angewiesen sind, Auto zu fahren oder sogar Personen zu befördern (Straßenbahn-, Bus- oder Taxifahrer), sollten Sie um Medikamente bitten, die keine nachteiligen Folgen haben. Schon bei geringsten Mengen Alkohol müssen Sie dann aber damit rechnen, daß der Alkohol zusammen mit den Tabletten Sie schneller als sonst müde, d. h. fahruntüchtig macht.

In schweren Fällen von rheumatoider Arthritis kann es sein, daß Sie kein Lenkrad und keine Gangschaltung mehr sicher festhalten und bedienen können. Bei der Bechterew-Krankheit oder Halswirbelerkrankungen ist möglicherweise eine Zeitlang die Beweglichkeit von Kopf und Hals so eingeschränkt, daß Sie nicht mehr richtig sehen können, was die Rückspiegel zeigen, und sich auch nicht zur Seite umdrehen können. Das sind schwerwiegende Gründe, das Auto stehenzulassen. Das gilt auch, wenn Sie kein richtiges Gefühl im Fuß haben und die Gefahr besteht, daß Sie die Pedale falsch betätigen können.

Motorrad und Moped oder Mofa sollten Rheumatiker schon wegen der starken Zugluft nicht benutzen, der sie dabei ausgesetzt sind. Wenn Sie trotzdem fahren, tragen Sie die volle Verantwortung.

Sozialversicherung und Behinderung

Gibt es für Rheumatiker Einschränkungen bei der Krankenkasse?

Grundsätzlich nein. Wer als Rheumatiker in eine private Krankenversicherung eintreten will, muß mit einem Teilausschluß oder einem Risikozuschlag beim Krankentagegeld rechnen, vor allem als Selbständiger, der schon vor Ablauf von sechs Wochen Geld will, weil er keine Lohnfortzahlung hat. An Heilverfahren oder Umschulung beteiligt sich manchmal auch die Rentenversicherung. Bei der Pflegeversicherung gibt es keine Probleme.

Mindert Rheuma die Arbeits- und Erwerbsfähigkeit?

In schweren Fällen kann das durchaus der Fall sein. Nach dem Schwerbehinderten-Gesetz können auch Rheumatiker bei den Versorgungsämtern ein Verfahren einleiten, indem sie einen Antrag stellen, um den Grad ihrer Behinderung ärztlich feststellen zu lassen. Vielleicht sind arbeitsmedizinische Untersuchungen (beim Betriebsarzt) in kürzeren Abständen als bei Gesunden nötig.

Wann sind denn Rheuma-Patienten behindert?

Schwerbehindert sind nach dem Gesetz Personen, die körperlich, geistig oder seelisch behindert sind und deshalb in ihrer Erwerbstätigkeit dauerhaft um mindestens 50 Prozent eingeschränkt sind. Wenn Sie sich nicht mehr richtig bewegen können und ständig unter Schmerzen leiden, sind Sie sicher behindert. Wie stark die Behinderung ist, stellt das Versorgungsamt an Ihrem Wohnort fest. (Dort muß ein Antrag auf einen Schwerbehindertenausweis gestellt werden.)

Was sollten Rheumatiker über das Schwerbehindertengesetz wissen?

Ziel des Gesetzes ist es, den Patienten möglichst ihre Arbeit zu erhalten. Wenn Ihr Arzt zu der Meinung gelangt, daß Sie schwerbehindert sind, erhalten Sie auf Ihren Antrag hin staatliche Hilfen, um mit der Krankheit besser zurechtzukommen:

1. besseren Kündigungsschutz
2. 6 Tage Zusatzurlaub
3. Steuervorteile
4. Fahrgeldermäßigung
5. vorgezogenes Altersruhegeld ab dem 60. Lebensjahr

Kann man wegen Rheuma Rente bekommen?

Ist die Erwerbsfähigkeit einmal um 50 Prozent oder mehr vermindert, kann man in der Regel seinen erlernten Beruf nicht mehr ausüben. Wenn dann unter Ausschöpfung aller Mittel keine Besserung mehr zu erreichen ist, wird man Sie in eine gute Klinik zur stationären Behandlung einweisen und ein Rehabilitationsverfahren einleiten, das Sie wiederherstellt. Das ist in vielen Fällen erfolgreich. Zumindest besteht die Chance, Sie so weit wiederherzustellen, daß Sie nach einer Umschulung wieder berufstätig werden können. Erst wenn das alles nicht greift, werden Patienten vorzeitig in Rente geschickt.

Gibt es einen Anspruch auf Sozialhilfe wegen Rheuma?

Wenn die gesetzlichen Bedingungen erfüllt sind, ja. Dann kann die Unterstützung von der Heilbehandlung bis zu einer ganzen Reihe von Sonderbeihilfen reichen, etwa bei Spezialmöbeln.

Gibt es Selbsthilfegruppen für Rheumatiker?

Ja. Die wichtigste ist die „Deutsche Rheuma-Liga", deren Adresse Sie auf S. 126 finden – zusammen mit einer kurzen Beschreibung der Ziele und Tätigkeiten. Darüber hinaus gibt es viele örtliche Selbsthilfegruppen.

Kleines Wörterbuch

Aderlaß	Blutabnahme durch den Arzt
Akupressur	Druckpunktmassage
Akupunktur	Nadelstich-Heilverfahren
Allergie	Abwehrreaktion der Haut mit Juckreiz und Rötung
Antirheumatika	Medikamente gegen Rheuma
Arthritis	Gelenkentzündung
Arthrose	Verschleißbedingter Gelenkschaden
Ausleitung	Künstlich herbeigeführtes Ausscheiden schädlicher Stoffe aus dem Körper durch Darm, Nieren, Haut, Blut
Autoimmunkrankheit	Krankheit, bei der die körpereigenen Abwehrstoffe falsch funktionieren
Bakterien	Krankheitserreger
Bandscheibe	Zwischenwirbelscheibe
Bandscheibenprolaps	Bandscheiben-Vorfall
Baunscheidt-Behandlung	Heilpflaster, das bei Rheuma Blasen auf der Haut bildet
Bechterew-Krankheit	Rheumatisch-entzündliche Erkrankung der Wirbelsäule
Bouchard-Arthrose	Abnutzungsschäden der Fingermittelgelenke

Chiropraktik	Lockerung von Wirbelkörpern, „Einrenken"
Chirotherapie	Behandlung mit Chiropraktik
Chronisch	Dauerhaft, ständig (nicht: unheilbar!)
Computertomographie	Querschnittbilder des Körpers vom Computer
Darmflora	Sammelname für nützliche Bakterien, die den Darm besiedeln
Depression	Schwere Niedergeschlagenheit
Diabetes	Zuckerkrankheit
Diät	Kostplan nach ärztlicher Verordnung. Alte Behandlungsmethode bei vielen Krankheiten
Diagnose	Feststellung einer Krankheit und ihre genaue Bezeichnung
Dornfortsatz	Fortsetzung des Wirbelkörpers nach hinten
Dosis	Die Menge („Gabe") eines verabreichten Medikaments
Eiweiß	Aufbaustoff des Körpergewebes aus Aminosäuren; Grundnährstoff (z. B. in Fisch, Fleisch, Milch)
Elektrotherapie	Behandlung mit elektrischem Strom
Enzyme	Eiweißkörper, die chemische Veränderungen im Körper auslösen oder steuern können
Fango	Heilschlamm (Moorerde) für heiße Packungen

Frozen shoulder	Völlige Schulterversteifung
Gallertartig	Geleeartig, elastisch, federnd
Gicht	Krankheit, die durch zuviel Harnsäure im Blut entsteht, die sich in den Gelenken ablagert
Grundnährstoffe	Kohlenhydrate (Zucker und Stärke), Eiweiß und Fett
Gymnastik	Körperliche Bewegungsübungen
Headsche Zonen	Bezirke der Haut, die inneren Organen zugeordnet sind
Homöopathie	Heilverfahren, bei dem der Kranke mit stark verdünnten Mitteln behandelt wird, die in höherer Dosis beim Gesunden ähnliche Krankheitssymptome hervorrufen würden wie bei dem Patienten (nach dem Prinzip: „Ähnliches mit Ähnlichem heilen")
Hormon	Körpereigener Wirkstoff, der Abläufe regelt und Vorgänge im Stoffwechsel auslöst
Immunkomplex	Ergebnis einer Abwehrreaktion, die gesund erhaltend, aber auch krankheitsauslösend sein kann
Immunsystem	Körpereigenes System, um nicht körpereigene Substanzen zu erkennen und unschädlich zu machen
Infektion	Ansteckung, Übertragung von Krankheitserregern
Intramuskulär	In die Muskeln
Intravenös	In die Venen (Blutgefäße, Adern)
Ischias	Erkrankung des Ischiasnervs, des längsten und dicksten

	Nervs des menschlichen Körpers, der von der Lende aus durchs Bein zieht
Kalorie	Brennwert und Maßeinheit für Energie, Nährwert von Lebensmitteln
kcal	Kilokalorie, übliche Maßeinheit für Nährwert
Kohlenhydrate (KH)	Hauptnährstoff und Energielieferant, vorwiegend pflanzlicher Herkunft
Kortison	Hormon der Nebennierenrinde. Kann industriell hergestellt werden und wirkt gegen Entzündungen und Allergien
Lokalanästhesie	Örtliche Betäubung
Mineralien	Sammelbegriffe für Erze, Gesteine, Salze etc.
Muskelrelaxans	Muskelentspannendes Medikament
Neural	Etwas, das mit den Nerven zu tun hat
Neuraltherapie	Behandlung durch Spritzen örtlicher Betäubungsmittel an die Nerven
Osteoporose	Knochenentkalkung, bei der die Knochen sehr leicht brechen
Paraesthesie	Gefühlsstörungen wie Kribbeln und Taubheitsgefühl („eingeschlafene Füße“)
Physikalische Therapie	Siehe Physiotherapie
Physiologie	Lehre von den Lebensvorgängen

Physiotherapie	Behandlung mit Krankengymnastik oder Massagen und Bädern
Phytotherapie	Behandlung mit pflanzlichen Mitteln
Placebo	Scheinarznei
Polyarthritis	Entzündung mehrerer Gelenke
Primär	Lateinisch „Erstursächlich"
Prolaps	Lateinisch „Vorfall" im wörtlichen Sinne
Protrusio	Lateinisch „Vorwölbung"
Reflex	Zwangsläufige, nicht dem Willen unterworfene Muskelbewegung
Rehabilitation	Wiederherstellung, Wiedereingliederung
Relaxans	Lateinisch „entspannendes Mittel"
Rheumafaktor	Eiweißkörper im Blut, der zur Diagnose der rheumatoiden Arthritis benützt wird
Rheumatoide Arthritis	Chronisch-fortschreitende Arthritis in vielen Gelenken
Röntgen	Bildliche Darstellung/Fotografie mit Hilfe von Röntgenstrahlen, die Haut, Fleisch und Sehnen durchdringen
Salicylsäure	Ältestes wirksames Medikament gegen Fieber, Entzündungen und Schmerzen
Segment	Abschnitt

Sekundär	Lateinisch „zweitursächlich“
Spondylitis	Entzündung der Wirbelkörper
Spondylose	Krankhafte Verschleißerscheinungen der Wirbelkörper
Spurenelemente	Chemische Stoffe, die der Mensch in kleinen Mengen zum Leben braucht, z. B. Vitamine und Mineralien
Streptokokken	Kugelförmige Bakterien, die Entzündungen verursachen
Streß	Körperliche oder seelische (gefühlsmäßige) Belastung
Symbiose	Zusammenleben zum gegenseitigen Nutzen
Symbioselenkung	Wiederherstellung des gestörten Gleichgewichts in der Darmflora (bei den Darmbakterien)
Symptome	Anzeichen und Merkmale, die das Erscheinungsbild und den Verlauf einer Krankheit erkennen lassen
Tendoperiostose	Erkrankung der Sehnenansätze an der Knochenhaut
Therapie	Medizinische Behandlung
Thymus	Drüse hinter dem Brustbein, die eine wichtige Rolle bei der Hormonherstellung und im Immunsystem spielt
Vegetatives Nervensystem	Der unwillkürliche (automatische) Teil des Nervensystems

Nützliche Adressen

Deutsche Rheuma-Liga e. V., Rheinallee 69, 53173 Bonn, Tel. 02 28/95 75 00

Bechterew-Organisation, H. Wolfgang Klimsch, Lindenschmidtstraße 35, 81371 München, Tel. 0 89/76 80 47 oder 7 25 76 21

In Österreich:

Österreichische Rheumaliga, Ketzergasse 200, 1235 Wien, Telefon 01/8 65 35 37

In der Schweiz:

Wenden Sie sich bitte an die kantonale Rheumaliga. Dort teilt man Ihnen gern Ihre Anlaufadresse mit.

Als Hilfs- und Selbsthilfeorganisation für Rheumakranke wurde 1970 die „Deutsche Rheuma-Liga" gegründet. Sie hat sich die Aufgabe gestellt, die Öffentlichkeit und alle am Gesundheitswesen beteiligten Gruppen über die gesellschaftliche Problematik der Erkrankungen des rheumatischen Formenkreises aufzuklären, die Patienten zu informieren und zu beraten sowie darauf hinzuwirken, daß sich ihre medizinische Versorgung verbessert. Bundesweit hat sie etwa 90 000 Mitglieder. Unter dem Dachverband der Deutschen Rheuma-Liga haben sich Verbände auf Landes- und Gemeindeebene gegründet und zu Arbeitsgemeinschaften zusammengeschlossen. Viele Versicherungsträger unterstützen die „Deutsche Rheuma-Liga" auch finanziell.

Register